图说 高效健康 养鸽技术

谭 雯 等编

U0248777

化学工业出版社

·北京·

图书在版编目（CIP）数据

图说高效健康养鸽技术/谭雯等编．—北京：化学
工业出版社，2017.3（2020.11重印）
ISBN 978-7-122-28966-7

Ⅰ.①图… Ⅱ.①谭… Ⅲ.①鸽-饲料管理-图解
Ⅳ.①S836-64

中国版本图书馆 CIP 数据核字（2017）第 017635 号

责任编辑：邵桂林　　　　　　　　　文字编辑：陈　雨
责任校对：边　涛　　　　　　　　　装帧设计：关　飞

出版发行：化学工业出版社
　　　　　（北京市东城区青年湖南街 13 号　邮政编码 100011）
印　　装：大厂聚鑫印刷有限责任公司
850mm×1168mm　1/32　印张 7　字数 178 千字
2020 年 11 月北京第 1 版第 7 次印刷

购书咨询：010-64518888　　　　　　售后服务：010-64518899
网址：http://www.cip.com.cn
凡购买本书，如有缺损质量问题，本社销售中心负责调换。

定　　价：30.00 元　　　　　　　　版权所有　违者必究

本书编写人员名单

谭　雯　黄胜海　吴青林　谭姝灵

前　言

随着经济的发展和生活水平的不断提高，人们的饮食结构发生了巨大变化，特别是对肉食种类及质量的要求已由过去的温饱型转向集营养、口味和保健于一身转变。肉鸽作为一种经济动物，不但营养丰富，而且还有一定的保健功效，能防治多种疾病。

从肉鸽的养殖特点来看，它投资小、占地少，对养殖条件的要求不高，饲料和鸽种也容易购得。因此，肉鸽适合家庭闲散饲养和养殖专业户规模化饲养，是致富增收的好项目。肉鸽生产发展至今亦出现了大量的工厂化、集约化的大规模生产场，这就要求掌握较高的生产技术和管理水平，才能有较高的生产效益。

为了适应肉鸽养殖业发展的需要，解决肉鸽生产中的技术问题，我们编写了本书，供肉鸽养殖户和鸽场以及爱好者参考。

本书采用图文并茂的方式，且文字简洁、通俗易懂，适合高中以上文化水平读者阅读。

由于我们水平所限，书中难免有不妥或不当之处，诚望广大读者批评指正，以便在将来再版时修订。

编者
2017 年 1 月

目 录

第七章　鸽病防治 ································· 146

第一章

鸽业生产的发展概况与前景

　　鸽子在动物学分类上属于鸟纲，今鸟亚纲，今颚总目，鸽形目，鸠鸽科，鸽属，传书鸽种。鸽子，又称为家鸽、鸽，还有的地方称"云鸡"。鸽子翅膀宽大，善于飞翔，羽色有雨点、灰、黑、绛、花和白多种。足短矮，嘴喙短。食谷类植物的子实。嗉囊发达，雌鸽生殖时期能分泌"鸽乳"哺育幼雏，属晚成禽类。配偶终生基本固定，一年产卵 5～8 对。鸽子的特点是性成熟早，繁殖快，乳鸽生长迅速，饲养周期短，食量少而饲料利用率高。养鸽业具有投资少、成本低、见效快和收入高等特点。肉用鸽的营养价值比其他家禽高，其屠宰率为 70％～80％，雄鸽胸、腿肌占 29％～30％，雌鸽则为 28％～30％。据分析，鸽肉的营养成分为：水分 73％～74％、蛋白质 21％～22％、脂肪 1％～2％，各种维生素和矿物质的含量也十分丰富。

　　鸽子分为野鸽和家鸽两类（图 1-1 和图 1-2）。野鸽主要有岩栖和树栖两类。家鸽经过长期培育和筛选，有食用鸽、玩赏鸽、竞翔鸽、军用鸽和实验鸽等多种。人们对鸽子的分种统计不尽相同。据日本《动物的大世界百科》介绍，地球上的鸽子有 5 个种群，250多种；美国的《国际大百科》则称有 290 种；而日本《万有百科大事典》记载，鸠鸽科的鸟类多达 550 种。目前世界上鸽子的品种已发展到 1000 多种，大体可分为三大类：通信鸽、观赏鸽和肉用鸽。从众多的各具特点的野生原鸽，进化到多种多样的家鸽，说明今天的家鸽是一种多源性的产物。

图 1-1　野鸽

图 1-2　家鸽

几万年以前，野生鸽成群结队地飞翔，以峭壁岩洞为巢，以植物种子及果实为食。野鸽的体型比现在的家鸽小，嘴巴尖，外形不甚好看。早在 5000 年以前，埃及人和希腊人已经把野生鸽驯养为家鸽，后来遍及世界各地。大约在 3000 年以前，人们就开始用鸽子传递书信了。至公元前约 1000 年，埃及人已能举行公开的鸽子竞赛，皇室、大臣甚至以鸽子作为陪葬品。13 世纪，埃及已将信鸽用于军事；16 世纪，阿拉伯地区的商旅、战士、拓荒者自带鸽子与家里通信。

我国养鸽业历史悠久，饲养普遍。在秦汉时代，宫廷和民间都醉心于各种鸽子的饲养管理。唐朝以后，食用鸽已编进我国食谱之中。到清朝，我国已从外国大批引入优良名鸽品种。原鸽在人类长期驯养条件下，通过饲养者根据自己的爱好和用途，进行长期的选育，创造出许多不同的品种。同时，又由于各品种鸽子在羽色、生态、性能等方面的差异，形成了不同特点的品系，并由此产生了日趋繁多的名称。

我国劳动人民在长期的生产实践中，选育出了不少优秀鸽种，并积累了丰富的饲养管理经验，对世界养鸽业做出了巨大的贡献。在品种方面，我国有不少鸽种居世界前列。如福建、北京培育的血蓝鸽、点子鸽、粉灰鸽等信鸽品种闻名世界，又如广东产的食用鸽石歧鸽、佛山鸽，其肉美味鲜，为美食家所称赞；在技术方面，我国有很多饲养管理、选种、育种和训练技术，符合现代科学要求，效果良好，至今仍为宝贵的经验。

第一节　鸽业生产发展概况

一、国内养鸽发展概况

我国肉鸽养殖业大致可分为三个阶段：第一阶段是 1983 ～ 1988 年，是肉鸽业开始蓬勃发展的阶段，养鸽的热潮于 1983 年首先由广东开始，1985 年后由南向北不断地发展，1988 年已遍布全国各地并上升到高潮。生产规模迅猛发展，市场以销售种鸽为主，乳鸽为辅。第二阶段是 1988 ～ 1990 年，是市场激烈竞争阶段，生产严重滑坡，市场以销售种鸽为主的情况迅速转变为以销售乳鸽为主，饲养数量趋于稳定。第三阶段为 1991 年以后，我国经济形势好转，市场进入以销售乳鸽为主、种鸽为辅的正常轨道。从 1995 年后开始，肉鸽业开始向规模化、产业化发展。种鸽的培育、乳鸽的屠宰与加工已逐步形成配套产业，养鸽业开始向多元化、综合性的产业方向发展，并且发展极其迅猛。

在第一阶段，是养鸽业发展的初级阶段，只进入了种鸽为主的市场，大多的养鸽者都是以生产和销售种鸽为主。由于养鸽业迅猛地发展，许多鸽场一哄而上。购买种鸽者出现了"饥不择食"，带来了种源的严重不足，价格不断上涨。在 1986 年，一对良种鸽可卖到 1000 元以上，杂交种鸽也可卖到上百元，养鸽卖种确实是发财致富的好门路，养鸽者经济效益之高，又不断地吸引着越来越多的人养鸽。在 1985 ～ 1986 年，广东省的清远县城，可见到几乎家家户户的阳台、天棚都养鸽，少者几对，多者几百对。他们多以卖种鸽为主，整个城区的饲养达到十万对。长期都有购种鸽者在县城，几乎每天都有车运送种鸽北上，高峰时每天达到 5 ～ 6 辆车，每车可装运种鸽上千只。可见当时卖种鸽之多，外省求购种鸽量之大。当时在广东省卖种鸽者以集体及个体的小鸽场为多。反而大部分大中型的国营、中外合资的鸽场，一般都致力于扩大发展生产规模，卖种鸽的数量相对较少。特别是外贸及中外合资的鸽场，要保证一定数量的乳鸽出口，即使是有小部分销售种鸽，其质量也较好，价格也相对比较便宜。

养鸽业发展到 1988～1990 年，进入了激烈竞争的阶段。在 1988 年时，我国的养鸽业已发展到了相当的规模，在广东的珠江三角洲地区除小部分大、中型的鸽场外，其余大多中小鸽场均不再发展生产规模，饲养数量趋于稳定。省外虽仍继续发展，但求购种鸽已很少到广东来，此时的广东种鸽销售市场也迅速地变小，必须尽快地转入乳鸽商品的生产。进入 1989 年，基本上是以乳鸽市场为主，随后又马上出现了乳鸽供过于求的局面。此时广东省珠江三角洲地区的大部分大、中鸽场，特别是外贸及中外合资鸽场，一般都有固定的乳鸽销售渠道。比省外有更优越的条件，在竞争上占了优势。在管理水平和产量水平较高的情况下，按当时的售价仍可维持生产，不会出现亏本，甚至少部分大场仍可继续发展生产，但是一些管理水平不高、产量水平较低的场大都无法维持，出现亏本，甚至倒闭。广东省以外的大多鸽场，相继出现卖种无路，乳鸽的销售渠道不通，陷入了困境。

养鸽业进入了 1991 年又开始了新的发展阶段，养鸽的形势出现好转，饲养的数量又出现了回升。这与我国的经济形势好转，改革开放的步伐加快等有关。粤港市场的销售量增加，售价也出现不断上升。许多国营、集体、个体的鸽场，看好市场，又开始扩大发展生产。乳鸽市场的好转，也带来了种鸽市场的好转。但发展生产者大都会吸取前几年大上、快上的教训，不会盲目地留种和购种，而是选择品种纯、毛色好、产量高、乳鸽质量高的良种鸽作种。

进入 1992 年，天时、地利、人和都已具备，国内市场日渐拓宽。我国南方沿海地区因具有独厚的地理优势，上海、广东率先开始引进、饲养和发展肉鸽养殖，使我国肉鸽养殖由东到西，从南到北，迅速发展起来。各地宾馆、饭店不断推出以肉鸽为特色的菜肴，使其需求量不断增加，当今肉鸽已不是人们陌生的食品了。仅广州、深圳市场乳鸽销量已超过 500 万只，北京、上海、天津等大城市的需求量超百万只。

养鸽业发展经三起三落，逐步迈向成熟，但进入 1994～1995

年，国家实行宏观经济调控，市场出现暂时的疲软，又遇饲料不断涨价，养鸽业又受到了一定的挫折，乳鸽价格下降，效益降低。尤其是1995年，粮食饲料价格不断上升，乳鸽价格又保持原来的水平，每只乳鸽的利润从原来的5~6元降为2~4元（经育肥乳鸽可达3~5元）。虽然如此，在整个养禽业中，与鸡场、鸭场相比，少有亏本，还有些效益。在这种情况下，许多养鸽场调整内部的管理、生产水平，提高产量和乳鸽的质量，等待市场的回升冲刺。但是一些中小型鸽场及个体养殖户因养鸽成本的增加而感到不堪负重，微薄的毛利除了人工水电费用，几乎难以招架。有的杀掉产鸽，有的拿到市场卖掉。这是生产发展的规律，它促使养鸽业向集约化、工厂化发展，促进生产管理技术水平的提高，降低生产成本，节省消耗，提高产量质量，以规模见效益，并进行废物、粪便的综合利用，提高鸽场的经济效益。

从1997年开始，养鸽业又进入发展期，至2000年上半年的短短3年中，广东的产鸽存栏增加了40%，不少大规模新场崛起，大部分老场也扩大养鸽规模。

近几年，随着我国人民生活水平的提高和大中城市多元化消费格局的形成，优质肉鸽市场渐趋活跃，成为推动农业结构调整、促进农民增收的新的经济增长点。调查显示，经过2004年和2005年两年的整顿和调整，肉鸽市场发生了明显变化。盲目发展、一哄而上的现象已不存在。从2006年至今，肉鸽已成为卖方市场，呈现出产销两旺、出口增加之势。2008年肉鸽市场需求同比递增15%。有些品种已供不应求，价格持续攀升。但目前肉鸽市场还存在良种率不高、品种老化和饲养管理水平不高等问题，规模化、集约化水平不高，品种质量、生产水平等均难以适应规模化生产、标准化加工和全球化市场的需要；产品在国内外市场竞争中优势不明显。

而随着国内市场的日趋拓宽，消费水平的不断提高，进一步刺激了肉鸽业的发展，存栏量成倍增长，并进入商品化生产，饲养管理水平亦达到先进水平。据不完全统计，我国目前注册登记的鸽场已到800多家，种鸽饲养量300万对以上。肉鸽饲养已遍布城乡，多数省份都建有大中型或中小型肉鸽饲养场，发展了数以万计的肉鸽饲养专业户。肉鸽饲养已从20世纪70年代的品种推广，发展到现在的规模化、商品化生产的肉鸽饲养业，并成为畜牧业中相对独立的产业。

从2000年到2010年，10年间乳鸽市场消费量从5000万只增加到6亿只之多。我国各大城市对乳鸽的年平均消费量在100万只以上。目前我国种鸽存栏超过5000万对，年出栏乳鸽6亿多只，而且我国食用乳鸽的出口量也有逐年增加的趋势。

2011年我国食用乳鸽的出口金额为2650995美元。2012年我国食用乳鸽出口金额为2824823美元，同比增长6.6%。2013年我国食用乳鸽出口金额为2767079美元，同比下降2%。

近几年我国肉鸽行业发展速度较快，受益于肉鸽行业生产技术不断提高以及下游需求不断扩大，肉鸽行业在国内和国际上发展形势都十分看好。我国肉鸽行业重新迎来良好的发展机遇。

肉鸽的主要产品是乳鸽。对于乳鸽的生产者来说，最为关心的是市场销售量如何。根据有关资料介绍，目前世界上最大的两个乳鸽销售市场是广东和香港。香港的鸽场主要集中在新界。香港在1974～1975年只有74610对种鸽，1985年4月种鸽已发展到406700对，约增加了5.5倍。按每对种鸽年产6对计算，香港可以就地生产乳鸽488万只。目前香港的大小鸽场有5000余个，年生产乳鸽240万只，从消费者的副食品结构发展来看，肉用鸽有取代部分肉用鸡的趋势。

肉鸽产业是一项阳光产业。产业的生产力取决于这个产业的市场占有率，世界五大洲均有肉鸽产业的发展，均有食肉鸽的消费习惯。从我国人民的膳食结构改革来看，肉鸽产品已成为最受消费者欢迎的新型肉食产品，每年以10%消费量的速度增长。

二、国外养鸽业发展史

国外养鸽历史悠久，据考证，古埃及人和希腊人早在5000年前已经将原鸽驯养成家鸽。生物学家达尔文曾经说过："一切家鸽的品种都起源于野生岩鸽"，"鸽子在世界上许多地区的驯化已有几千年的历史。"公元前 300 年，罗马人已精于饲养鸽子。

国外肉鸽养殖业的发展历史较短，至今不过 100 余年，1890 年美国宣布世界上第一个肉鸽品种——美国王鸽培育成功，推动了肉鸽养殖业迅速发展，1907 年肉鸽养殖在美国发展成为一项产业，并取得成功。如美国棕榈和白尾鸽场拥有 50 万～60 万只，每年向国内外供应种鸽和商品乳鸽。由于美国肉鸽养殖业的成功，从 19 世纪末到 20 世纪初，世界上许多国家（如法国、西班牙、瑞士、比利时、德国、意大利、英国、印度尼西亚、缅甸、印度、巴基斯坦、伊朗、伊拉克等）都相继发展肉鸽养殖业，并取得了成功。

第二节　鸽业的发展前景

我国肉鸽业发展到今天，已进入了规模化、集约化、现代化的生产阶段。鸽子也越来越受到人们的喜爱，养鸽的人越来越多，养鸽爱鸽已蔚然成风，同时鸽子的实用价值也逐渐被更多的人所认识。近几年，我国大江南北兴建大批的养鸽基地，全国许多城市都建立了种鸽繁育基地。广东省肉鸽发展尤其迅速，全省各地特别是珠江三角洲兴办了许多几千对、上万对甚至十几万对产鸽的大型养鸽场，成为存栏量仅次于"三鸟"（鸡鸭鹅）的新兴养禽业。养鸽业经过了十多年的发展历程，人们既取得有成功的经验，又有失败的教训。目前各大、中型鸽场的经营管理、饲养技术、产品加工等方面都日臻成熟，为肉鸽业的发展打下了坚实的基础，创造了条件。

"肉食鸽全身都是宝"。鸽子以五谷杂粮为食物，产出的是高营养、高蛋白、低脂肪的有益食品，不仅含有丰富的矿物质、蛋白质及多种维生素，还有很高的药用价值。因此，肉鸽养殖是一项前景广阔、收益可观的项目。近几年，北方地区也开始盛行吃鸽子肉，进一步加大了肉用鸽的市场需求量。随之兴起的肉食鸽饲养业，是老百姓在养殖项目上的一个新的致富门路。

发展肉用鸽生产,可以给人类提供一种新的优质肉食。乳鸽的滋补防病作用显著,据实践证明,以乳鸽为主,加入有关的中药食用,对高血脂、高血压、血管硬化、心血管疾病等都有一定的疗效。在民间,用乳鸽煮绿豆治疗小孩湿毒是众所周知的,乳鸽炖花旗参有利于补充体力、增强体质及病愈后滋补等。

乳鸽鲜嫩可口的特点使其在酒楼大行其道,各大小酒楼用乳鸽作蒸、炖、煲、煮及红烧、白切、卤水、鲜烤等方式成为招牌菜,使乳鸽的销售量大增。仅广州市 1999 年初步统计,每天由鸽贩、鸽场屠宰直接交给酒楼约 3.8 万只,节假日及年底日销售 5 万～6 万只,平均每天不少于 4 万只,每月需要量为 130 万只,全年的销量为 1600 多万只。

近几年,香港的乳鸽年销售量已超过 1000 万只。每年到香港的旅游者有 200 万～300 万人次,他们多喜欢品尝乳鸽。现在,香港当地人每逢周末或假期,不少人到沙田去食用乳鸽。酒楼餐厅乃至烧腊铺销售乳鸽的越来越多。很多酒家不断推出乳鸽的新食谱,并设有乳鸽餐,吸引着越来越多的食客。由此可见,广东及香港的乳鸽市场都显示出很强的消费能力,虽不似前几年提出“以鸽代鸡”的夸张讲法,但其受欢迎的程度将逐步像吃鸡那样普遍。

由于内地的乳鸽不能满足港澳市场的需要,香港还要从泰国、马来西亚和我国台湾等地引进部分乳鸽补充。随着旅游业的不断发展和人民生活水平的不断提高,国内市场对乳鸽的需求量也将日益增多。所以,从目前来看,国内外乳鸽市场的潜力还相当大。有人推测,今后在活家禽市场中,肉鸽有可能占举足轻重的地位。

目前香港本地的肉鸽饲养量正日渐减少,也是我们抓紧发展养鸽的好“天时”。香港政府限制畜牧业生产,从前几年开始逐年逐级实施“农业废料的管制政策”,同时由于香港建设发展用地的需要,地价昂贵,人工工资高等原因,使本港生产成本不断上升,利润不断下降,竞争能力逐渐减弱,时至今日,仅剩下香港新界地区的几万对。

我国大部分地区都具备养鸽的地利条件,我国人民素有养鸽的习惯。特别是农村人口众多，劳动力丰富，对发展肉鸽生产这一暂时不能采用机械化生产的行业，更具有优势。养鸽的设备比较简单，饲料来源丰富，养鸽对养殖场所、气候没有过高要求，可以在房前或屋后的院子里散养，也可以在笼子里圈养。全国各地可因地制宜发展肉鸽生产，北方各地的多个粮产区，可利用饲料来源广、劳动力丰富的优势，与出口公司挂钩，发展肉鸽生产，将乳鸽加工成冻鸽或乳鸽罐头，以销往远洋市场为主要目标，冻鸽也可销往粤港市场。珠江三角洲地区，毗邻港澳，地理条件得天独厚，应大力发展肉鸽生产，继续以本地区和港、澳市场为主，不断扩大远洋的美国、加拿大、欧盟市场以及近洋的东南亚各国市场。同时，广东各地外贸部门，将出口活乳鸽不断地改变为出口冰鲜乳鸽，收到了减少损耗、降低成本、提高售价等好的效果。随着时间的推移，市场的适应，冰鲜鸽将有取代活鸽出口之势。

发展肉用鸽生产，不但可以增加出口货源，多创外汇，支援国家经济建设，而且鸽场和养鸽专业户也获得较好的经济效益。

饲养肉鸽具有风险小、饲养条件简单、成本低、收益高的特点。风险小，是相对于养禽业而言。鸽比其他家禽类有较强的生命力，其抗病能力强，在正常的饲养管理条件下很少发病，特别是恶性的传染病少，只要做好防疫工作，便不易发生疫情，其防疫注射的次数少，用药也较少，费用低。乳鸽的生长速度快，出栏时间短，一般在3～4周出栏。1个月左右体重就能达到600克。鸽的孵化期不长，仅需半个月左右，一对种鸽可年产6对幼鸽。按目前外贸部门的收购价算，扣除饲料成本、种鸽推销费、药费和管理费等，饲养一对种鸽每年可获利100～150元。如果对乳鸽加以选择培育，利润就会更大。大规模、大批量饲养肉鸽，成本要远远低于饲养肉食鸡和其他禽类。以鸽场为例，大型的鸽场每年可盈利40万～50万元，中等的鸽场也有10万～20万元，小型鸽场的利润也有几万元。总之，近几年来，各地养鸽都普遍获得较好的经济效益。从产蛋、孵化、育雏、出售需要24天，饲养周期相当短。一只种鸽每天消耗饲粮40克，一只哺乳鸽每天消耗75克。而一只乳鸽从出壳到1个月出售，共耗粮1～1.5千克。可见，肉鸽的饲料用量非常经济，比其他禽类要低得多，可以说，肉鸽的养殖成本很低。因此，肉鸽养殖是一个发家致富的好项目。

现在，我国肉鸽品种优良，具有繁殖快、母性好、个头大、耐粗饲、适应性强、抗病强等优点。肉鸽的生产技术也逐步提高。大群饲养时，每对种鸽平均每年产仔数已上升到7～8对，高产的可达9～10对。每个饲养员由原来饲养300～500对已经提高到700～800对。另外，国内养鸽的环境和饲养条件不断完善，拥有丰富的劳动力资源。因此，随着国家对畜牧业产业结构的调整，肉鸽养殖业已成为首选的短、平、快项目。加上饲料成本的下降，养鸽在诸多肉用型特养项目中可算上乘。尤其在加入世界贸易组织（WTO）之后，肉鸽行业的龙头企业在品种培育、防病用药以及深加工项目的开发上逐渐形成了产业。

在新的经济形势下，市场的需求正在不断地增加，市场供不应求的矛盾仍较突出，发展养鸽生产的形势非常有利，只要我们能把握市场的脉搏，发扬不断开拓和进取的精神，相信肉鸽养殖业将会有愈来愈广阔的前景。养鸽还可作为某些业余爱好者的一种娱乐活动，既可娱乐，又可增加经济收入，一举两得。但养鸽也不能一哄而上，应根据市场的需要而定，因此，办鸽场应考虑市场的需求量，根据社会的购买力来发展养鸽业。

第二章

鸽场建设与生物安全

鸽舍是鸽子生活和繁殖后代的场所。鸽子一生中的绝大部分时间是在鸽舍中度过的。从起居饮食到生儿育女都离不开鸽舍。有研究证明，鸽子对于自己的配偶和子女有较深感情是归巢欲中的一个重要因素。归巢欲不是凭空产生的，它的物质基础正是养鸽人为它建造的这个家。

鸽舍建造是否科学、合理，对鸽子的健康和生产性能影响很大，它是发展养鸽业的重要条件之一。这里主要介绍鸽场的选址、鸽舍的类型和建造及养鸽常用的设备用具等。

第一节　鸽场选址与布局

鸽舍选址十分重要，但对我国广大养鸽者，特别是居住在城市里的业余养鸽者来说，鸽舍的建造在很大程度上受环境的限制，多数还不具备主动支配环境的条件。因此，这里说的鸽舍选址，主要是从鸽子生活的需要提出的。

养鸽的目的、规模不同，对鸽舍的要求也就不同。但总的来说，鸽舍应该能给鸽子提供一个舒适的生活环境，便于饲养管理，建筑费用应尽可能低。因此，在计划建筑鸽舍时，应考虑以下几个方面。

1．场址选择

场址选择要考虑自然条件和社会经济条件。根据鸽场的性质、任务和规模有所侧重。理想的鸽场应该达到如下要求。

（1）选择土质坚硬、渗透性强、雨后易干燥的砂质土壤作为场地　干燥而又向阳背风、排水容易的砂质土壤，有充足的水量和良好的水质。这样的场地利于鸽舍内保持温暖干燥的小气候，有新鲜的空气和充足的阳光，常年有优质的饮水供应，没有病菌和"三废"污染，利于场内废水、废物的排除，从而减少疾病的发生。

（2）远离居民点及其他畜禽场　居民点是极喧闹的地区，人们从外地购买的肉食及珍禽鸟兽的屠宰废物会威胁鸽群的健康；畜禽场之间也易发生畜禽共患传染病的相互传染。鸽场远离居民点和畜禽场，可以给鸽群提供一个宁静的生产和生活环境，减少传染性疾病的发生。

（3）交通方便并有稳定的动力来源　饲料和设备的购入以及种鸽和商品鸽的购销，都要求有较方便的公路或水路。鸽场的用电并不多，但抽提饮用水及工作人员的生活用电是必不可少的，所以选择场址时应考虑有稳定的电源和便利的交通运输条件。

2．鸽舍布局设计

鸽舍布局设计时应考虑规模、位置、光照、通风、卫生和经济等几个方面。

（1）规模　根据资金、技术、市场需要等来确定。最好是由小到大、逐渐扩大，但要有个全盘计划，留出发展的余地。

（2）位置　鸽舍选址除了地势好之外，还有别的要求。如鸽舍周围要有醒目的地标，鸽舍周围视野开阔，四周没有高楼大厦等障目物，使高空飞行的鸽群在远处就能看到自己的家，并且毫无阻碍地俯冲直下登堂入室。如能做到这一点，对鸽子归巢有益处。

过去在一些大中城市中，因建筑物较集中，一般把鸽舍设在底楼的天井里或二层楼以上的晒台上。超高层建筑、高烟囱、高塔架、电杆林立、电线纵横，鸽子很容易撞上。特别是那些幼鸽，它们缺乏飞行经验，如果没有迅速聚焦的本领，很容易撞上电线，弄得皮开肉绽。而成年鸽疲劳时想要歇脚又常把电线杆当作栖木，同样会造成意外伤害。如果建鸽舍时无法避开障碍物，就要设法将鸽舍门方位做些调整，尽量不要正面面向障碍物。

（3）光照　鸽子的成长也要靠太阳，最忌潮湿。鸽舍晒不到太阳容易潮湿，鸽粪久久不干，就会发酵，散发出一种有害气体，这是鸽子健康的大敌。鸽舍阳光充足、通风良好，鸽粪极易干涸，霉菌自灭。鸽子本身也需要日晒，特别是洗澡后，羽毛快干对保护羽质起到很大的作用。如果说活棚鸽和成鸽每天开棚飞行时总可以获得日晒的话，那么一些关棚鸽和未出棚的雏鸽就必须在鸽舍里获得日晒。因此，鸽舍最好坐北向南，如东面临窗更理想。这样鸽子整天都能得到充足的光照，不仅有利保暖，而且直射的阳光还可杀菌，起到消毒的作用。

（4）通风　鸽舍要通风，保持空气新鲜。这是现代化鸽舍的最基本要求。无论是晴天或雨天，进鸽舍闻不到一点臭味。荷兰专家对鸽舍建筑的要求概括为避免潮湿、排水不良、通气不足或通气过度。鸽舍的屋顶倾斜度不够，下雨天就会造成漏水。潮湿除了因地势太低外，通常是漏水和排水不良造成的。当鸽舍陈旧或其他损害时，将会使鸽舍里的温暖空气流出，造成鸽舍通气过度。这种情况对于我国南方各地的养殖应特别注意，而北方因常年少雨，气候干燥，情况有所不同。

空气直接对流，会伤害鸽子。特别是寒夜，舍内温度骤降，成鸽会伤风感冒，幼鸽更为严重。防止的办法是用百叶窗通风，空气从下方流出，就不会有空气直接对流。现在有一种开洞的拉窗，形如百叶窗，但起不到防止空气直接对流的作用。欧洲的一些鸽舍，鸽主在屋顶设置板条式天花板，以便使舍内混沌的空气上升，从屋顶流向舍外，而新鲜的空气从舍外流入舍内，这类通风装置经专家研究，证明对鸽子的健康极有价值。如果没有条件做这种装置，那么可在鸽舍前方的下部开个洞口，吸入新鲜空气，而在后方的上部开个洞口（或者倒换一下），排出舍中的混浊空气，可以达到同样的通风效果。

（5）卫生　鸽舍建造应便于清扫和消毒，容易清除粪便、脏物和残余的杀虫剂，并能终年保持干燥，这样便于打扫和喷洒消毒药物。应杜绝老鼠及鸟兽的侵入，以避免带入疾病，凉爽而新鲜的空气对鸽群健康非常有利。所以，鸽舍应三面有墙，向阳的一面敞开、半敞开或开前窗；后墙上留缺或装上风机，这样就可保证空气新鲜，冬暖夏凉。

（6）经济　在生产实际中，鸽舍以建筑简单和经济实用为主。设计时应简单、完善，省去所有无生产实用价值的东西。建筑材料既要考虑价格便宜，也要考虑经久耐用。为了实用和省钱，可建成大小划一的多单元系列鸽舍，这样便于巢箱的往返移动，以提高利用率。

第二节　鸽舍建筑与配套设施

鸽舍的形式很多。若家庭饲养少量的信鸽、观赏鸽，作为一种业余爱好，可利用阳台、屋顶等空闲地方，简单搭起鸽舍，就可以进行饲养了。但若把养鸽作为一种专业，规模较大，就要设计建造科学、合理的鸽舍。

鸽舍是鸽子生活和繁殖后代的场所。鸽舍适用与否，对鸽群有很大的影响。在建鸽舍时，要根据鸽子怕湿、怕热、怕脏、怕蛇和怕鼠等生活习性，从利于生产、管理、防治疾病和经济实用等要求出发来建、修、改鸽舍。争取具备如下条件：坐北向南，地处高爽，安全宁静、无工业废气污染和无噪声干扰，通风良好，光线充足，冬暖夏凉和雨天防潮。

鸽舍用的建材，最受欢迎的是木材。这些木材必须是在经过日晒雨淋后，不会变形和发出怪味，只有杉木这类木材才能达到这样的效果。但是杉木木质松软，不利于铲鸽粪，因此，地板和巢格还是选择硬质木料为好。我国台湾省许多鸽舍在地板上面铺上铁丝网，鸽粪从网眼中漏下，也不用天天打扫，这就更理想了。选材时旧木料比新木料要好得多，新鲜木料常带有强烈的气味，干燥以后因收缩而变形。新鲜木料含水分高，不仅不能吸收空气中的水分，而且在干燥的天气里还会散发出水分，虽然这些水分并不太多，但却能损害鸽子的健康。如果地面用砖砌或水泥浇注，也是很不错的，至少要比新鲜木料要好。

大型的鸽场在建筑方面，应全面考虑种鸽舍、青年鸽舍、童鸽舍、饲料仓库，兽医室、值班室和办公室等各种用房，其中鸽舍的配套是主要的。小型的鸽场可根据实际需要进行布局。至于家庭饲养少量的种鸽，则根据各自家庭的具体条件改建鸽舍。有的利用空闲旧屋、楼顶、阳台和房前屋后搭棚，安上鸽笼，就可以饲养十几对乃至几十对种鸽。

一、 鸽舍的特点及设计

鸽舍要根据鸽子的不同品种、不同年龄和不同的饲养目的来建造。

1．种鸽舍

（1）种鸽舍的特点　多采用小群离地散养的方式，其优点是有运动场，活动地方较大，能使种鸽得到阳光的照射和新鲜空气，可以多活动，增强体质，保持健康，精力充沛，增强抗病能力，提高生产性能，培育优良的后代，使留种鸽的体型、体重和生产力等各方面保持或超过亲代的性能，达到种用的目的和标准。但这类鸽舍投资较大，成本较高，饲养管理较不便，不易观察每对鸽的动态及生产情况，管理不善易发生传染病，配种孵化时受其他鸽的干扰。建造鸽舍时将整幢鸽舍隔成许多小间，每间面积10平方米左右，养亲鸽20～30对，可减少群养带来的不利影响。

（2）种鸽鸽舍的设计

① 离地群养亲鸽舍。这类鸽舍多为单列式，每幢长20米，内面用毛竹或铁丝网隔成间，每小间可养亲鸽30对左右。舍内北面留1.5～1.8米宽的通道，南面用铁丝网或尼龙网围住，再在每个栏距地面50厘米处用毛竹或铁丝网平铺起来，网眼2厘米，便于种鸽在上面活动也便于管理，减少与粪便接触和染病的机会。鸽舍南面设运动场，依舍内各小间的围栏延伸出来，运动场可做成离地式或地面平养式。若为地面平养，最好做成水泥地面或吸水性强的

砂质地面，便于清扫和冲洗。另外，在每小栏的南面设一道门，便于管理人员进入饲养和捉鸽。每小栏内 4～5 层巢窝，每对鸽 1 个巢窝，其规格为宽 40 厘米、深 50 厘米、高 40 厘米的结构，在北面 15 厘米处设置产蛋巢。

② 种用童鸽鸽舍。这类鸽舍可以仿照上述种鸽鸽舍的结构，只是将舍内的巢箱改为栖架即可，栖架由木板或毛竹做成，每小间可养童鸽 100 只左右。另一种形式是，建 6 米×30 米的鸽舍，在离地面 50 厘米处全部用铁丝网或毛竹铺成平面，棚架结构要坚固，便于管理人员上去喂鸽和捉鸽，舍内可隔成 2～3 部分，也可不分隔；四面用竹、铁丝网或胶丝网（渔网）围起来，出入门可设在鸽舍的前面或后面。第三种形式是在上述形式的鸽舍中间留一条 1.2 米宽的通道，通道两边设饲槽，每小间向通道设一道门，饮水器通过门放入棚上。这样鸽分两边饲养，便于工作人员管理，但其所用的材料较多，成本增加，且饲养面积减少。

2．商品鸽舍

这种鸽舍一般用于饲养肉用鸽，生产乳鸽供应市场肉食需要。采用每对亲鸽单独笼养的形式。其优点如下。

（1）提高饲养密度　每平方米可饲养亲鸽 2～3 对，而群养只能饲养 1～2 对，大大减少基建投资。

（2）易于饲养管理　操作方便，大大节省清洁卫生的时间，增加管理数量，每个饲养员可以负责 300～400 对亲鸽的饲养管理，比群养方式增加约 1 倍，提高工作效率。

（3）提高鸽的生产力　笼养鸽避免了每对鸽之间的相互影响，减少破蛋率，提高孵化率，年产窝数由群养的 6～7 对提高到 7～8 对，甚至 8～10 对。同时，由于亲鸽专心孵化和育雏，出仔率和乳鸽的肥度都有明显提高。

（4）利于对亲鸽细心观察和记录　及时掌握亲鸽的生产情况，发现问题可立即采取措施，而且便于做好选优去劣工作，将生产力较差及病残鸽及时处理淘汰。

（5）减少传染病的发生与传播　笼养将每对鸽都隔开，互相接触的机会少，且饲料、饮水的供给都在笼外，加强防污设施，减少粪便和尘埃的污染，可有效地预防传染病的发生及传播。

3. 童鸽舍

用于饲养 1～6 月龄的童鸽，可采用棚上分栏饲养的方式。缺点是搭设鸽棚栖架需要资金。其优点，一是便于管理不同的童鸽，减少劳动量，而且减少鸽与粪便的接触，减少疾病；二是利于小群饲养和公母分开管理，减少鸽的打斗，避免早配和近亲交配。若采用地面平养，则应给予较好的管理，经常清扫、清洗地面粪便，工作量大，且鸽也容易发生胃肠病。

4. 信鸽舍

信鸽与肉用鸽的鸽舍有所不同，其最大的特点是需进行训练和飞翔活动。信鸽舍一般建造在住房的前后左右、阳台或屋顶上，大小由饲养的数目来决定，其结构一般有围栏（铁丝网）、出入口（门瓣）、到达台、电铃装置和巢窝等部分。

信鸽的鸽舍如同人的家一样，有一个温暖而舒适的"家"，鸽子就会热爱这个"家"，出去飞行能按时回来，不会在外面游荡，反之，如果鸽舍建得过分简陋，环境又不良，鸽子就不会眷恋这个"家"了。

（1）到达台　鸽子在外面活动一段时间后，累了或者饿了，飞回来休息找食，这就需要到达台。如果鸽舍没有这种设置，则飞出去的鸽子就很难进入鸽舍，停留在外面难免发生意外。到达台应建得牢固，防止高飞的鸽子突然降落时用力太大而将台踏坏。台的大小视鸽子的数目而定，一般需长 90 厘米、宽 25 厘米，位置设在鸽舍前方，便于信鸽自由出入（图 2-1）。

（2）出入口（活门瓣）　鸽子放出户外，不知何时才飞回来，这就需要有让鸽子自由进去，而不可随意出来的出入口。出入口用铝条做成一个垂帘，即门瓣，做法是用长 20～30 厘米的铝丝，一边有小圆环，用一铁条穿过后固定在门口或窗口，其宽度一般为 20 厘米，门瓣的下端应比出入口的下端长 1 厘米。放鸽时，将铁条向上拉开，就可

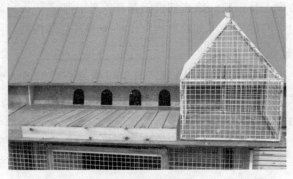

图 2-1　到达台

让鸽子出去，然后放下门瓣。当鸽子回来时，先停在到达台上，再走向出入口，门瓣被挤开，鸽子就进入舍内，但不能出来（图 2-2）。

图 2-2　出入门

　　(3) 电铃出入口　这是出入口的另一种装置，通过电铃响声可准确知道或记录某只信鸽回舍时间。电铃装置可设于门瓣前面的到达台上，电池装在台下方防雨防晒的地方，电铃装在客厅里，便于主人及时听到。电铃装置的设置线路图见图 2-3。

　　(4) 巢箱　这是信鸽休息、生产的场所，应该宽敞些，40～50厘米见方即可。巢箱的中间用隔板隔开，设两个巢盆，便于孵化和哺仔。巢箱的数量依饲养的信鸽对数而定，一对一箱，并固定地点

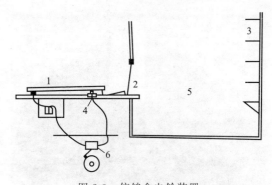

图 2-3 信鸽舍电铃装置

1—到达台；2—门瓣；3—巢箱；4—电钮；5—客厅；6—电铃

和位置，使每对鸽子养成在某一巢房居住的习惯（图 2-4）。

图 2-4 巢箱

（5）栖架与运动场 在鸽舍的内部设栖架和运动场，便于信鸽在舍内活动和幼鸽学飞，栖架用木板或竹条做成梯形，放在墙边或竖立在运动场上。运动场是鸽子进行阳光浴、沐浴以及活动和交配的地方，应设在有光线的地方，尽量宽敞些，地面为吸水性能较好的水泥面，保持舍内干燥。也可建成砂质面，上面铺一层净砂，并定期更换（图 2-5）。

图 2-5　栖架

二、鸽舍类型

1. 群养式鸽舍

群养式鸽舍有单列式和双列式两种，单列式的宽 5 米，双列式的宽 10 米，两种形式鸽舍的长度视场地和饲养量而定，通常是 10～30 米不等。檐高 2.5 米左右，舍内用铁丝网或木料隔成若干小间，每间面积为 12 平方米左右，每间饲养种鸽 10～20 对。

群养产鸽和童鸽的鸽舍，每幢为 6～8 间（可视场地大小和实际需要而定），檐高 2.5～2.8 米，每间面积 8 平方米左右，可饲养产鸽 30 对或童鸽 50 对，整幢鸽舍可饲养 300～400 对童鸽或180～240 对产鸽。每间鸽舍前后墙上应设有 1.2～1.4 平方米面积的窗户。前窗距地面 1～1.2 米，以利于夏季的季候风进入舍内；后窗离地面一般为 1.6～1.8 米，以避免冬季北风的侵袭。同时，在后墙下部距地面 20 厘米左右处，还要开设几个可以左右启闭的地窗，大小为 40 厘米×60 厘米或 20 厘米×40 厘米，以便在夏季潮湿的天气通风透气。

舍内地面铺以大红砖或浇注水泥地面，地面稍向外倾斜，以便清扫冲洗，防止积水。鸽舍外墙脚四周要开好排水沟，供及时排除污水和雨水，保持室内干燥。每间鸽舍的阳面还要设有运动场，其长、宽与鸽舍相似，其四周高度为 2.5～2.8 米，可用钢材、圆木或水泥柱和镀锌铅丝网围隔，顶部用尼龙网（较经济实用）遮盖。运动场的门与鸽舍的门位置一致，以便操作。运动场外侧还需建 1 米宽的操作管理通道。此外，在每间鸽舍与运动场内设有若干栖架，供鸽子栖息。但需注意，群养的产鸽舍不能设栖息架，以免产鸽养成在巢外栖息的习惯，而影响回巢抱蛋育雏。种鸽舍内和运动场设有栖架供鸽栖息和交配。青年鸽舍和童鸽舍内以及运动场均设有梯形栖架，以利于鸽群的卫生和方便饲养员管理（图 2-6）。

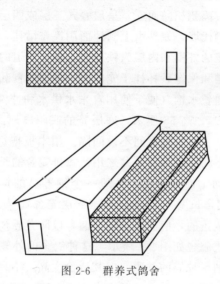

图 2-6　群养式鸽舍

2．笼养式鸽舍

笼养就是把已配对的生产种鸽一对一对地分别关养。优点是所采用的鸽舍结构比较简单，造价低廉，管理方便，鸽群安定，鸽舍利用率较高。这种饲养方式既可以根据每对产鸽的生产及健康状况，随时灵活调整饲料配方或保健砂配方，也可避免群养鸽在换羽期因换羽先后不一，换羽后发情迟早各异而出现中途另找配偶的不良现象，还可以免去新鸽配对时的回巢训练，并减轻逐笼供水供料的工作任务。

鸽笼的大小无一定的规格，根据饲养的品种大小和鸽台的面积大小来确定。一般是每个笼长 50 厘米、深 50 厘米、高 45 厘米。笼养式鸽舍，有双列式、单列式、敞棚式和关闭式 4 种。

（1）双列式鸽舍　这种鸽舍起源于香港以及广东的三水、中山和珠海等地。有楼房的，如广西柳州地区外贸竹丝鸽场的鸽舍；也有平房的，如广西河池地区外贸鸽场的鸽舍。这种鸽舍常用人字屋架，屋顶设钟楼式气楼，南檐高 2.8 米，北檐高 2.5 米，亦有用玻璃钢瓦或石棉瓦盖平顶式。鸽舍的进深为 2.2 米，正中央操作道四周设有排水沟。鸽笼相向而立，呈层叠式三层或四层笼舍，南北两侧均以笼的外侧代墙，笼外由上到地面用篷布吊挂，放下保暖，卷起通风透光。笼的外围和内层为铁丝网，靠操作道的一侧设有木质门或竹门，食槽和保健砂杯挂于笼门上，便于喂食和观察记录。笼的外侧安装有通长水槽（便于使用自来水供水和冲洗）。笼子宽 60 厘米、深 60 厘米、高 55 厘米，底层笼的底距离地面 20～40 厘米不等，上、中、下三层笼之间不设间隔。用木板把每只鸽笼的 1/4 部分挡隔成上下两层供放置巢盆之用。每排笼舍的长度可依据地面面积和最佳劳动生产率而定，一般一个饲养员的饲养量以 200～240 对为宜，棚舍长度为 18～21 米（三层笼舍）。如果屋顶用石棉瓦或玻璃钢瓦覆盖的，应注意加固堵漏，以防龙卷风、台风和暴雨的袭击。双列式鸽舍如图 2-7 所示。这种鸽舍的外笼露天，直接受阳光照射，有利于种鸽的健康，但其造价太高，不易推广。

（2）单列式鸽舍　单列式鸽舍与双列式鸽舍的结构基本相同，其特点是每对产鸽占用一个笼，鸽舍一般较大，是饲养繁殖种鸽的常见鸽舍。鸽舍大小不定。可利用旧舍改装，节省投资，降低成本；但规模大些的鸽场，最好自建简易鸽舍，合理规划，方便管理。鸽舍一般可建成长 40～50 米、宽 5～7 米，以一个饲养员管理 300～400 对产鸽为宜。四面围墙可建成开放式，利于防暑通风，在外围挂活动彩条尼龙布，必要时放下防晒和防寒。鸽笼的规格为宽 60 厘米×深 60 厘米×高 50 厘米；笼的整体一般为 3 层，舍内可安排 4 列笼。可两两并列在一起成大列，或可建成中间两列合

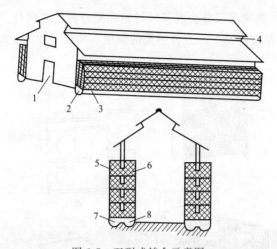

图 2-7　双列式鸽舍示意图

1—门；2，7—外水沟；3，5—外笼；4—通气窗；6—内笼；8—内水沟

并、两边单独排列的方式。工作道 1.2 米。饲槽、水槽及保健砂杯都置于笼的前面。水槽在饲槽的下方，两者间距约 5 厘米。每笼只留 2 个 4 厘米的空隙，使鸽子能伸出头来饮水。

单列式鸽舍只有向阳的一侧安置鸽笼，阴面用砖砌墙，墙上开设几个窗口。单列式鸽舍的单位面积饲养量比双列式减少一半，通常取坐北朝南，故阳光充足，通气良好，冬季保暖。其最大的不足之处是占地面积较多。在非耕地较多的丘陵地区建造单列式鸽舍较为理想（图 2-8）。

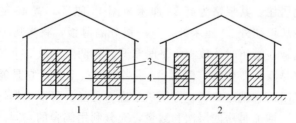

图 2-8　单列式鸽舍及鸽笼剖面图

1—两两合并式；2—中间合并两边单排式；3—鸽笼；4—道路

单列式鸽笼又可分为群养种鸽笼和笼养种鸽笼两种。

① 群养种鸽笼　群养种鸽笼的规格（单位：厘米）见图2-9。

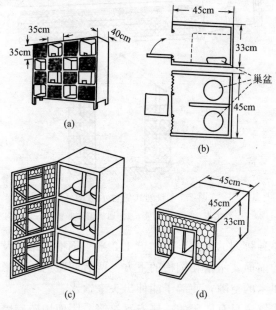

图 2-9　群养种鸽笼

如图 2-9（a）所示，其规格为高 35 厘米×深 40 厘米×宽 35 厘米，4 层 16 格，每对种鸽配 2 格。

如图 2-9（b）～（d）所示，它是 3 层 1 架柜式，一个巢房供一对种鸽居住。其规格为高 33 厘米×深 45 厘米×宽 45 厘米，宽度的中线从里往外 30 厘米处，放一块分隔薄板，将巢房分成两小室。此隔板在繁殖时才放上，平时拿开。在两室各放一个巢盘。巢房正前方是笼门兼垫板（降落台），当把它关上时，它是笼门，当打开放平时，它就是垫板，方便鸽子出入升降。可以根据这种规格加高加宽，增加巢房的层次和数量，充分利用鸽舍的空间。

② 笼养种鸽笼。

a. 内外鸽笼。它是 4 层垂直重叠，如图 2-10 所示。室内靠两边墙处各安装 4 层垂直重叠式铁丝网笼，中间是走道，室外檐下靠墙同样安装 4 层垂直重叠式铁丝网笼（有些鸽场安装 3 层笼），相对应的内外笼之间的隔墙上开一个宽 20 厘米、高 20 厘米的长方形孔作为种鸽出入的通道。内、外笼的正面同样各开一个长方形的小门（宽 20 厘米、高 15 厘米），以便捉鸽和清理废物。

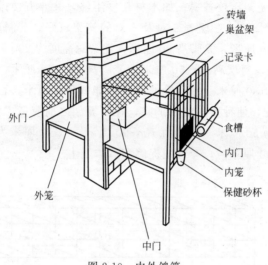

图 2-10　内外鸽笼

　　室内笼作为种鸽的产房，规格为深 50 厘米（或 60 厘米）×宽 50 厘米（或 60 厘米）×高 45 厘米，笼外挂食槽、保健砂杯和记录牌（有些鸽场是 2 个笼同一条食槽，食槽钉成 3 格，两头的 2 小格放保健砂，中间的放饲料）。室外笼是种鸽的运动场所和配种的地方，规格为深 60 厘米（或 40 厘米）×宽 50 厘米（或 60 厘米）×高 45 厘米，笼外挂水槽或水杯。室内笼正面用 8 号线焊接而成，间隔为 4 厘米，方便鸽子伸头采食。其他地方的铁丝网眼为 3 厘米×3 厘米，鸽的头部不能伸出，避免上下笼、左右笼之间的鸽子打斗。内外笼笼底距地面均为 20 厘米，内外分别设有排水沟，以便冲洗鸽粪。

b. 柜式鸽笼。这种鸽笼的规格和摆设应根据房子的面积来考虑。笼架规格有 4 层养 20 对、16 对和 8 对。如图 2-11 所示，为 3 层笼，可养 12 对或 6 对等。鸽场的笼架规格是 3 层笼养 9 对种鸽，每层笼高 50 厘米，脚高 30 厘米，笼架总高 180 厘米。笼架的规格应根据木材的长度来定。如木材实地坚硬，长度足够，采用 4 层笼养 16 对的笼架比较省料；如木材长度不够，又要方便搬动时，则采用 4 层 8 对、3 层养 9 对及 6 对的笼架较好。若制成 4 层笼，每层笼高 45 厘米，笼脚高 20 厘米，笼架总高度为 200 厘米。如为 3 层笼重叠，每层高 45～50 厘米，笼脚高 20～30 厘米，笼架总高度是 155～180 厘米。每层笼的高度不能低于 4 厘米，否则会影响种鸽的交配，使种蛋受精率下降，在钉笼架之前应考虑到这一点。笼的宽度为 50 厘米，深度为 70～90 厘米，以 70 厘米为宜，若深度达 80～90 厘米时，会方便捉鸽和清洁卫生。

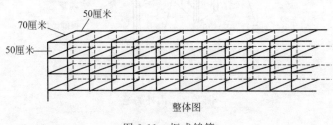

整体图

图 2-11　柜式鸽笼

c. 单个箱式鸽笼。单个箱式鸽笼适用于青年鸽配对、隔离伤残病弱鸽和阳台养鸽用。其规格为深 45 厘米×宽 70 厘米×高 45 厘米。笼子正面的中间位置为笼门，笼门左右侧安上饲料槽、水杯和保健杯。种鸽配对专用笼规格面积则较小，深 35 厘米×宽 50 厘米×高 45 厘米，如图 2-12 所示。

（3）敞棚式鸽舍　这种鸽舍比较简单，像敞棚一样只砌几个砖柱，上盖瓦片屋顶，四周敞开不用墙壁，用尼龙布保温和防雨，尼龙布在晴暖天气时卷起吊挂，如广东深圳市石岩鸽场的鸽舍。鸽笼分几排设在棚内，故俗称"大棚笼养"。这种鸽舍造价低廉，光线充足，通风良好，但中间鸽舍笼晒不到太阳。用这种鸽舍饲养的产

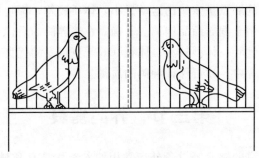

图 2-12　种鸽配对笼

鸽生产力不如单列式和双列式高，原因是光照条件不如前两种鸽舍，只适宜于童鸽饲养，同时也应做好防冻和防风雨侵袭的措施（如用油毡或围帘挂在外侧，以挡风雨）。这种笼舍以篷布代墙，能做到冬暖夏凉，通风透光，干燥清洁，满足了鸽子的生物学特性需要，为产鸽的生产繁殖、乳鸽的生长发育创造了良好的环境条件。

　　根据不同地区、不同需求，敞棚式鸽舍还可设为两种形式的前敞式鸽舍。一种是前敞式群养鸽舍，这种鸽舍三面是墙，向阳一面敞开，适用于气温很少降至5℃以下的南方温暖地区。通道设在后面。前面屋檐伸出 1.5～2 米，以防暴风雨飘落进入鸽舍内。这种鸽舍结构简单，造价较低，便于养鸽者在鸽棚内外观察鸽子的状态。鸽子能够得到充足的阳光照射和新鲜的空气，并且有较多的活动空间，可以增强鸽子的抗病力，提高生产性能。

　　另有一种前敞式群养鸽舍，后面不设通道，鸽舍底板不离开地面，养鸽者经由飞棚的门出入鸽舍，巢箱位于鸽舍后端，每一单元仅 2 米宽，只养 15 对鸽子。这种鸽舍更简单，造价也更低。

　　（4）关闭式鸽舍　这种鸽舍四面都有墙。向阳的一面设有窗子，供光照和通风用，天热时打开，天冷时关闭。通道设在前部。在通道上部设有栈道，鸽子通过栈道出入鸽舍和飞棚之间。另有一种关闭式鸽舍，通道设在后面，鸽子经由前面窗子出入鸽舍和飞棚之间。这两种关闭式鸽舍在冬季能保证舍内温度不低于 0～5℃，因此比较适用于北方较寒冷的地区。

笼养鸽的缺点是亲鸽的运动量小，体质较差，影响后代鸽的质量，故只适用于饲养商品肉鸽。若确需在笼养鸽的后代中留种，必须及早选择健壮、体型较大、体重0.6千克以上的优良乳鸽，饲养于青年种鸽舍中，才可保证种鸽的质量。

第三节　养鸽器具

除上面讲的鸽笼等设备外，常用的养鸽用具有食槽、饮水器、巢盆、盐土箱、足环、通信管、假蛋、洗澡盆、捕鸽网、训练网等。这些养鸽用具的结构、安装是否合理，都与饲养管理密切相关。

养鸽用具目前还没有严格的标准，每个鸽场可以根据当地具体条件选用自己认为合适的，但要符合卫生、方便、节省的原则。现介绍以下两种实用的器具及其安装方法。

一、食槽

食槽的式样多种多样，养户可以根据自己的需求选择。

1. 铁皮质长方形条状食槽

一般长约20厘米（或40厘米，供两笼共用），高6～8厘米，开口宽4.5厘米，1/4处用铁皮焊接隔开，在1/4端盛放保健砂，3/4端盛放饲料，平挂于笼外的笼壁上，以鸽子能伸出头颈吃到食为度。笼养种鸽宜用短食槽，每2个笼4只鸽子供一条食槽，长50～60厘米，钉成3格，两头的小格各长5厘米，放保健砂，中间格长40～50厘米，放饲料。这种短槽用料少，造价低，操作方便（图2-13）。

2. 尼龙编织布饲槽

这种饲槽适用于各种类型的鸽场，经济实用。利用市场上出售的彩条尼龙编织布，剪成宽约30厘米的长条，长度可根据需要而定。两边向外折1厘米并缝好，使之成为可穿铁丝的小孔，用较大

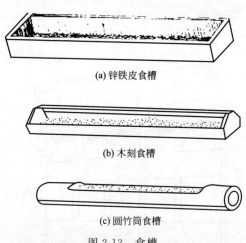

(a) 锌铁皮食槽

(b) 木刻食槽

(c) 圆竹筒食槽

图 2-13　食槽

号的铁丝穿过小孔，拉紧，固定在鸽笼前距底部约 12 厘米处，上方口宽 15～17 厘米，底部自然变成深 8 厘米左右。其优点是价格便宜，制作方便，有一定的柔软性，减少饲料浪费，便于清扫，通风干燥性能好，残留饲料不易发霉变质。群养的鸽子，如童鸽和青年鸽，也可以用簸箕放料饲喂。食饱后就收起，以免鸽子排粪造成污染。

3．自选食槽

食槽上面设有一带盖的储料箱，并分成几格，每一格对应着下面一个盛料槽。喂料时，揭开顶盖，每一格内加一种饲料，要把饲料加满。盛料槽内饲料边被鸽子吃去，边由出料门漏出加满。其优点是一次投放几天的饲料，可以节省劳力、时间；每一格内放一种饲料，鸽子可以选择自己喜欢吃的，不必在几种混合的饲粮中挑选，减少饲料的浪费。

自选食槽可根据养鸽的数量、鸽舍的大小来决定食槽的尺寸。可以做成 60 厘米高、73 厘米长、15 厘米宽，4 格大小分别为 25 厘米、20 厘米、15 厘米和 13 厘米。最大的一格放玉米，次大的放豆类，其余两格分别放小麦和高粱。食槽的盖顶用铰链与食槽连在一起，底由金属网筛充当，以便通风和漏下饲料中的尘土（图2-14）。

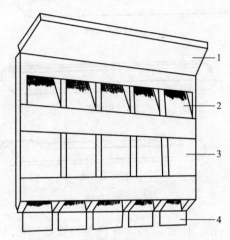

图 2-14　自选食槽结构示意图
1—盖；2—放料门；3—采食口；4—垫板

自选食槽一般安放在通道上，或放在鸽舍的中央，食槽应离地10～25厘米，避免羽毛和垃圾扬入饲料内。食槽旁可安设一个宽25～40厘米的木板，以便鸽子站立在上面采食。

4. 自制简易饲料瓶（罐）

少量养鸽或资金特别紧张者，可取一些透明的塑料罐或瓶自己制作，离瓶底7～8厘米处开一圆孔，孔径5～6厘米，让鸽头伸入后能活动自如，但采食时又不因勾拨饲料而使其撒落地下。小瓶可在瓶口装上铁线，挂于鸽笼上，供1对鸽盛料用。大塑料瓶可在四周开孔，供多只鸽盛料用（图2-15）。该器皿盛料时，饲料极少浪费，污染机会少，取材容易，制作简单而经济。

二、水槽或饮水器

1. 群养鸽饮水器（槽）

（1）塑料饮水器　如图 2-16 所示，其规格有几种，如 7 升和

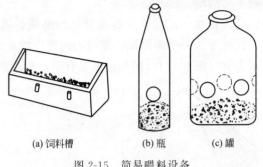

(a) 饲料槽　　　　　(b) 瓶　　　(c) 罐

图 2-15　简易喂料设备

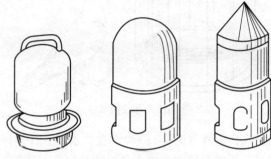

图 2-16　塑料饮水器

10升，可根据实际需要来购置。这种水槽较适于中、大型鸽场，它是用塑料做成一条直径12～16厘米的圆筒，再根据鸽笼的规格，在上方均匀地开成4～6厘米的椭圆形口，每个鸽笼开口1个。例如鸽笼宽50厘米，则在圆筒上每隔50厘米开1个口，开口不能太多，也不能太大或太小。整条槽的长度应根据舍内鸽笼行长来决定，假如行长25米，则每条以25米长割断，将一端向上弯起5厘米，另一端密封，在距端5厘米左右处做一流水活塞，以水满约八成时通过活塞流出为度。为了清洁水槽，将一块海绵用尼龙绳捆住，穿过圆筒，尼龙绳两头从两端口穿出，这样拉动尼龙绳就可以清洗水槽了，清洗完毕，把海绵拉到一端的开口附近，便于下次清洗时使用。这种水槽的优点是能做成长流水式的水槽，有效地防止粪便和灰尘等物的污染，保持水的清洁。不足之处是用料较多，成本较高，有时不易清洗。

（2）木、瓦、瓷盘　瓦盆饮水器是群养产鸽和童鸽的饮水器。可以用瓦盆、饭罐外罩一个伞形罩，罩缝的间距以能允许鸽头自由伸进罩内饮水为宜（图2-17）。但瓦盆盛水有限，要注意勤添水。

图 2-17　瓦盆饮水器

（3）倒悬式饮水器（图2-18）和水盘饮水器　任何能装水、鸽子既能饮到水又不能到其中去嬉水且粪便和羽毛不易落入水中倒悬的容器，都可以作为群养鸽的饮水器。

2. 笼养种鸽常用的饮水器（槽）

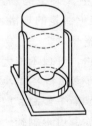

图 2-18　倒悬式饮水器

（1）陶瓷杯　其高 8 厘米，口直径 6 厘米，每对种鸽配 1 个。

（2）塑料杯　其高 10 厘米，口直径为 6 厘米，底部直径为 4.5 厘米，每对种鸽配 1 个。

（3）塑料管或铁管　它的长度与鸽笼排列长度相等。管的上面每隔 5 厘米开一个可容鸽喙伸入饮水的孔洞，它能保持水的清洁，但清洗麻烦；如用宽 6 厘米、深 3 厘米的半圆形塑料水槽，冲洗方便，但水易被污染。塑料管价格低廉，但日久会变形；铁管坚固耐用，但造价高。管式供水方式常安装在鸽笼的背风面，两排鸽笼背靠背，一条水管（槽）插过中间，就更方便安装和节省投资。有些鸽场把养鸡用的水槽安到鸽笼上，给种鸽供水，也很实用。有些塑料制品厂专门为鸽场生产一种 2 对种鸽共用的一条水槽，它的规格与 2 对种鸽共用的一条食槽相似。

（4）开口式塑料水槽　这种水槽适于各种大、中、小型鸽场及专业户，也适于家庭养鸽。其结构是 1 条上方开口的"U"形水槽，槽口宽 8～10 厘米，深约 10 厘米，两边高 8～9 厘米，底面成弧形。水槽长度根据鸽笼的行长决定，水槽一头的封口带有流水活塞，便于水槽加水至八成高时能自动流水和清洗水槽并流出污水。这种水槽一般用于单列鸽笼，也可用于双列鸽笼。用于单列鸽笼时，将水槽放在笼的背面，上面用纤维板斜盖住，防止粪便污染；用于双列鸽笼时，可与尼龙编织布饲槽联合安装。这种水槽的优点是能进行流水式作业，便于换水和清洗，工作方便，价格较便宜。但装配不当容易污染饮水。也可采用圆形塑料管（6～7 厘米直径）焊接而成，或采用圆形塑料管对鸽笼中间处开一圆形或方形口子，与笼子铁丝网开口相对，以鸽子嘴巴能伸进饮到水为宜。

（5）长条饮水槽　可用铁或塑料制成半圆筒形的长槽，槽高 5 厘米，宽 6～7 厘米，长度按笼长而定，槽一端底部开一小孔，接口径较大的软管，通往舍外，以便清洗水槽时排放污水用。活动的挂槽可不设小孔。

也可以自制简易饮水器，如前面所介绍的简易饲料瓶一样。务求选用无色透明的瓶罐，以利于随时发现水中的脏物。

3．巢盘

巢盘（图 2-19）是供鸽子产蛋、孵育用的。有塑料、铁丝或稻草编织、石膏、陶瓷和木料等几种，木巢盘的规格为长 20 厘米×宽 20 厘米×高 10 厘米。塑料巢盘长 22.5 厘米×宽 22.5 厘米×高 8 厘米，见图 2-19（a）。用小铁丝编织成的圆形巢盘也很实用，其直径为 20 厘米，高 8 厘米（形似锅底）。塑料巢盘和铁丝巢盘轻便耐用，透气性好，破蛋少，出雏率和乳鸽成活率高，同时还易于清洁和消毒。每对种鸽配上、下两个巢盘，上巢盘产蛋孵化用

（安在鸽笼的中央，有些靠笼子的一侧），下巢盘育雏用（安于笼底）。很多鸽场每对种鸽仅配一个巢盘。在鸽笼底面的中间位置放一块长 30 厘米×宽 25 厘米的油毛毡或旧麻袋垫片，当乳鸽达 13~25 日龄时，就从巢盘中将它们移至油毛毡的垫片上，然后把巢盘移出，并除去其内污秽的垫料，浸泡、清洗和晒干消毒后再放回原处，让雌鸽产下一窝蛋。若不方便周转，可备少量机动的巢盘，不必要每对种鸽都配有两个巢盘，以减少投资。

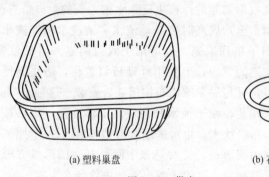

(a) 塑料巢盘   (b) 石膏产蛋盘

图 2-19　巢盘

4．保健砂杯

保健砂是鸽子生存不可少的饲料添加物。保健砂容器可用上述的杯、罐、瓶，也可按饲养规模自行制作。群养鸽的保健砂常放在木箱中供给。箱的上方有一个能启闭的盖子，它可以防止保健砂被粪便和羽毛污染，其规格可以根据鸽群的数量而定。

可用塑料饮水杯或圆形筒，要求深度不超过 8 厘米，上口直径 6 厘米，内盛少量保健砂挂在笼子外侧，能使鸽子吃到即可。或将铁皮食槽的 1/4 部分隔开，放置保健砂供鸽食用。广东省有些塑料制品厂专门为鸽场生产一种保健砂杯。该杯的杯口呈斜面，杯底直径 5 厘米，杯口直径 6 厘米，靠笼子这面是平的，高 6 厘米，并有一只钩挂于笼子背面的小铁丝上（图 2-20）。

或用木材制作，一般可做成长 52 厘米、宽 14 厘米、深 15 厘米，上面设一可活动的顶盖。如采用槽式食槽的，把食槽隔出一部

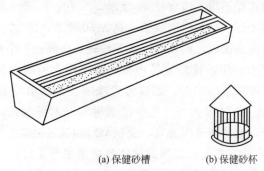

(a) 保健砂槽　　　(b) 保健砂杯

图 2-20　保健砂器

分来作为保健砂容器使用也可以。为了卫生和工作方便，保健砂容器最好安放在飞棚外，也可放在飞棚内（图 2-21）。

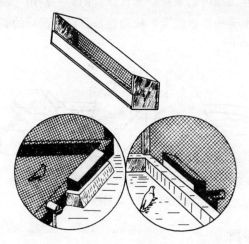

图 2-21　保健砂容器及安装位置

5．水浴盆

水浴盆供鸽子沐浴之用。鸽子具有洗澡的嗜好，拒绝洗澡的鸽子大多是有病的。鸽场的大小规模不同，洗澡的设备也不同。大型鸽场在鸽舍设计时，往往在鸽笼上直接接有淋浴喷头，可直接进行淋浴。如饲养量不太大，可以制作澡盆来满足鸽子的这一嗜好。

澡盆的式样不限，以直径 46 厘米、深 10～15 厘米的铁皮制成直筒状圆盆为好，也可以制成长、宽各 50 厘米，深 10～15 厘米的方盆。可用砖头砌成，内外部用水泥粉刷，底部开一小孔，用时用木塞堵孔盛水，用后拔塞放尽污水。也可用大的脚盆替代。洗浴时，根据鸽群数量的多少，摆设若干洗浴盆于运动场上，以 40～50 只鸽子配一个浴盆为好。盆中的水以 6 厘米深为宜。洗浴的次数，冬春季以每月两三次为宜，夏秋季每周洗三四次。每次洗澡应在晴天的 10～15 点进行。当鸽群体外寄生虫严重时，可以在盆中选加相应的药物，让鸽群水浴驱虫。洗浴完后应及时倒掉污水，以避免鸽子误吸中毒患病。

为了加水和倒水省力省时，保持飞棚地面干燥，可用铰链将澡盆一端连接在飞棚内的木板架上，澡盆的另一端用一根金属链条控制升降。用水笼头加水洗澡，拉动链条就可将洗后的脏水倒在飞棚外面（图 2-22）。

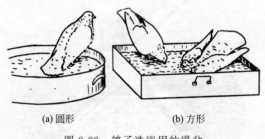

(a) 圆形　　　　　　　(b) 方形

图 2-22　鸽子洗浴用的澡盆

6. 鸽脚圈

鸽脚圈又称为脚环或鸽环，脚环有铝环和塑料环两种。为了辨认鸽子和进行鸽的系谱记录，种鸽和留种的童鸽都应套上编有号码的鸽脚圈。铝环多用于信鸽及观赏鸽，肉鸽一般使用塑料环。给种鸽套上编有号码的脚环，以简明的数字代号，标明品种、系谱，以利于识别和以后的育种工作。

通常是 7～8 日龄的幼鸽就套上鸽脚圈。鸽脚圈字样的标记方法及其含义：1986 年出生的第 5 间（或棚）6 号鸽可标记为

"8605-06"。其中"86"表示出生年份，"05"为间（或棚）号，"06"为鸽的编号。

鸽脚圈有无缝足环、开口足环、螺旋状足环和带状足环。

（1）无缝足环　无缝足环的优点是一旦套上后，除非剪开才能拿掉，所以它作为识别标识的可靠性很强，是鸽子的永久性标识。佩戴无缝足环的适宜日龄是孵出后第6~13天。过早佩戴容易滑落，过晚则不易戴上。

（2）开口足环　开口足环可随时戴上、拿走或调换，所以不是永久性的识别标识。对种鸽使用较多，配对后可戴上开口足环。

鸽脚圈用以识别是青年鸽还是成年鸽，是配对的还是尚未配对的鸽子。所以给繁育工作带来方便（图2-23）。

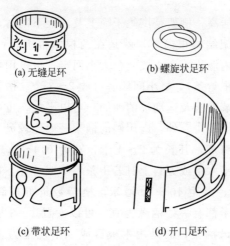

(a) 无缝足环　　　　　(b) 螺旋状足环

(c) 带状足环　　　　　(d) 开口足环

图 2-23　各种足环

7．捕鸽罩

在鸽群调整、种鸽配对及出售鸽子时，都要捕捉鸽子，用手捕捉容易损伤鸽子，因此最好用捕鸽罩（网）捕捉。捕鸽罩用尼龙线编织而成，一端封口为兜底，另一端用10号或8号铅丝圈成30厘米的口径，绑固在竹竿末端，其长度1米左右即可（图2-24）。为了方便各种需要，一个鸽场可以同时备有几个不同长度的捕鸽罩。因为，有时太长或太短都不方便。

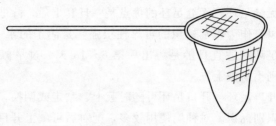

图 2-24　捕鸽罩

8．栖架

鸽子喜欢居高，栖架是供鸽子晚上及白天下雨时，在舍内登高栖息用的。栖架结构很简单，就是在两根木棍上，钉上若干条竹竿，斜倚在舍内墙边，大小按鸽舍大小而定。也可用木料制成三角栖架（钉上几根竹条），每小间鸽舍可放 2～3 个。栖架通常安置于鸽舍的墙根或墙壁上及运动场的四周，可以平放，也可以斜置。除了信鸽的栖架比较讲究外，肉用鸽的栖架一般比较灵活。栖架通常以竹木为材料钉成，其长为 2～4 米，宽为 0.4～0.6 米或更宽一些。一般在 2 根木棍或方料上钉若干条竹竿或竹片，竹片的宽度为 1.5～2.0 厘米，条距 10～30 厘米。栖架数量可视鸽群的多少而定，以每只鸽子都有一处栖息为宜。可以安置 1～3 层。有些鸽场的青年鸽舍不设栖架，而是用木板钉成一个规格为长 1.0 米×宽 0.5～0.6 米×高 0.1～0.15 米的长方形框架，在框架的一侧钉上细眼的小铁丝网，形如框筛。然后将这种框筛摆布于鸽舍的地面，鸽群即栖息在筛面上。由于粪便跌落于框筛之下，故鸽子不与粪便接触，只需定期清粪。这样鸽舍干燥而卫生（图 2-25）。

9．运鸽笼

（1）塑料运鸽笼　其外形是四方形，长 75 厘米、宽 54 厘米、高 26 厘米，分上下、前后和左右 6 块，可以灵活拆装。笼门在顶

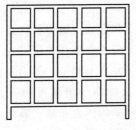
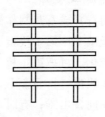

图 2-25　栖架

部，其尺寸为 23.5 厘米×32.5 厘米，笼顶、笼底和四周的网眼规格分别为 2.8 厘米×2.0 厘米、1.5 厘米×1.5 厘米和 2.5 厘米×5.0 厘米。每只笼可装 15 对种鸽左右（图 2-26）。

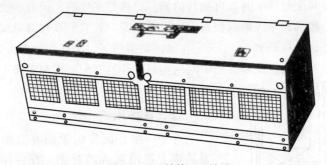

图 2-26　运鸽笼（6 只）

（2）竹篾运鸽笼　这种运鸽笼用宽度为 1.5～2.0 厘米的竹篾编织而成，上下扁平，两头呈椭圆形，顶部的中间位置设一个圆形的笼门，笼门的直径为 20 厘米。笼的规格为长 90～100 厘米，中部宽度 55～60 厘米，高 25 厘米。每只笼可容纳 10 对种鸽。另外有一种规格是圆形的（材料相同），其直径为 70 厘米，高 20～25 厘米，底部扁平，顶部呈龟背状，笼门于顶部的中间，口径为 20 厘米，每只可容纳 10 对种鸽。这种运鸽笼的材料一定要强硬，以免压扁。运输时，七八只笼重叠，下面的笼子都不至于被压扁。根据经验，运输乳鸽时应尽量装挤一些，这样可以减少运输途中的损失。

10．假蛋

可用石膏或石灰制作假蛋，大小和形状应做得和真蛋差不多。

由于鸽子产第 1 枚蛋后，要隔 1 天才产第 2 枚蛋。为了使两个蛋同时孵化，可把第 1 枚蛋先取出，并换上假蛋，等第 2 枚蛋产出后，换走假蛋，再重新放入真蛋，这样两个蛋就可同一天开始孵化，保证同日出雏；有时为了保持鸽子的体力和稳定其情绪，欲不让它孵育仔鸽时，可以把真蛋取走，换上假蛋。

11．配对笼

配对笼也叫交配笼。配对笼可用竹木或金属网制作，体积不必太大，1 只鸽子能占有 30 厘米×30 厘米×30 厘米的空间就可以了。每只配对笼中间有可抽移的栅栏。选好发情的、预备杂交配对的雄、雌鸽，插入隔离栅板，一边放 1 只，让它们互相看见又不能在一起，这样饲养 5～7 天，在雄鸽的引诱下，会互相频点头亲吻，说明配对成功，此时抽掉中间的栅板，让其交配，在配对笼中再饲养几天，就可放入鸽舍群养。

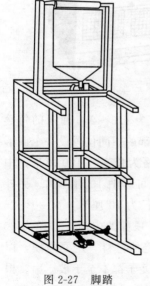

图 2-27　脚踏
式喂鸽机

12．育种床

育种（肥）床常用于饲养留种用的童鸽或上市前乳鸽的育肥。育种床的四周可用竹篾编织或用铁丝制作，其规格为 5 厘米×5 厘米，床底最好用网眼为 3 厘米×3 厘米的铁丝制作。底脚可用木条或用砖砌成，一般脚高 30 厘米、四边高 40 厘米、宽 70 厘米。育种床的长度依鸽舍大小及饲养量而定。中间可分成若干格，每格长 2 米，可饲养育种童鸽 20 对。

13．脚踏式喂鸽机

如图 2-27 所示，这种喂鸽机仅有少数鸽场使用。使用时将配合饲料放入灌喂器内，加上适量清水，用左手轻微地抓住乳鸽的颈,手掌贴住鸽背,用拇指和食指提住其嘴,将鸽嘴掰开,右手把喂鸽器插入乳鸽口腔中,然后用脚踩动开关,饲料便灌入乳鸽嗉囊。每踩 1 次即灌入 1 只,每小时大约可喂乳鸽 300～500 只,在操作过程中要防止损伤乳鸽的咽喉和舌头。

第四节　鸽 场 环 境

鸽场环境的有效控制对规模化鸽场肉鸽养殖十分重要。良好的鸽场环境不仅能够改善肉鸽的生产性能,减少疫病发生的概率及由此带来的经济损失,同时还对提高鸽产品质量和保证人类食品卫生安全都有积极意义。

规模化鸽场的环境有效控制主要包括三个方面内容:一是鸽场的大环境控制,包括鸽场的场址选择、气候条件、水源净化等;二是鸽舍内环境控制,包括鸽场布局要求、人员及器械进出要求、羽毛和粪便等排泄物净化处理等;三是鸽舍内微环境控制,包括鸽舍内光照、噪声、温湿度及空气中尘埃粒子控制等。

鸽子是比较耐粗饲、耐寒的种类,适应能力较强。但是肉鸽养殖是以经济效益为主要考核指标。因此,尽管肉鸽在环境相对恶劣的情况下也能够存活,但要想获得良好的生产和生长性能,鸽场环境的好与坏十分重要。只有让肉鸽在舒适、空气洁净、无"三废"污染、远离传染病源的条件下,才能保证肉鸽养殖取得良好的经济效益。

一、 鸽场的大环境控制

鸽场大环境控制的首要条件是场址的选择。肉鸽场场址的选择是肉鸽养殖标准化、集约化的重要因素之一。在建场的过程中,必须慎重考虑建场地点的自然条件和社会条件。

自然条件包括地势、土壤、水源和气候、雨量、风向、作物生长等。社会条件包括交通、疫情、建筑条件和社会风俗习惯等,并要考虑发展的可行性。在确定场址前,对选择对象要做全面的调查研究，搜集有关资料，并进行深入分析，然后再进行建场设计和布局规划。鸽场所在地气候、地势、土壤等大环境有着总体要求，这些都对肉鸽养殖有一定的影响。

1．气候

肉鸽相对其他禽类品种，抗病力较强，基本适应各种气候条件，但气候长期干燥、高温、寒冷、潮湿等，对肉鸽的生长和生产性能有一定的影响，对肉鸽场生产人员的管理工作造成一定的麻烦。因此，鸽场的建设必须考虑一定的气候条件。我国大部分地区因为地理位置的关系，夏季盛行东南风，而冬季则是有着强劲的西北风，因此在构建鸽舍时必须正确选择鸽舍的方位，目前最佳的朝向是坐北朝南（冬暖夏凉）。

2．地势

以平坦或稍有坡度的平地、南向或东南向为宜。这样的地形阳光充足，地势干燥，排水良好，利于肉鸽场的卫生。在山区，不宜选择昼夜温差太大的山顶和通风不良及潮湿阴冷的山谷，应选择在坡度不太大的半山腰。地势的高低直接关系到光照、通风等条件，必须慎重处理它们之间的关系，选择有利于肉鸽生长发育的地势建场。

3．土壤

肉鸽场的土壤要求具有一定的卫生条件。要求场地的土壤过去未被传染病病原污染，透气性和渗水性良好，能保持干燥。为了便于种花植树，美化环境，土壤还要有一定的肥沃性。因此，肉鸽场的土壤应以砂壤土或壤土为宜。这样的土壤排水良好，导热性小，微生物不宜繁殖，符合卫生要求。黏土或砾土不宜建场，因为黏土颗粒极细，黏着力强，渗水和透气性差，含水量大，雨后泥泞积水，污染环境，工作不便，且寄生虫易繁殖，传播寄生虫病，影响肉鸽健康。此外，黏土有时多含碳酸盐，一旦变潮，碳酸盐溶解，土壤可能软化下沉，危及场内建筑物，使之倾倒。砾土虽然透水、透气性良好，但导热性大，肥沃性差，均不宜作为建场地点。

二、鸽场内环境控制

鸽场内环境的控制是养好肉鸽的关键，而鸽场是否合理布局直接影响着肉鸽的饲养管理和疫病防治工作。一般来说，肉鸽场可分为两大区，即生活区和生产区。生活区和生产区绝对分开，生活区即场内职工办公和生活的场所，它包括办公室（如场长室、经营管理室、技术室和兽医室等）、库房（如饲料库房、药品库房等）、职工宿舍、食堂及活动室等。生产区包括鸽舍、隔离舍和炼尸炉（处理病死鸽的尸体）。隔离舍和炼尸炉应建在肉鸽场的下风头。另外，对于鸽场的饲养管理人员、车辆及饲料、器械等，一定要做到彻底清洁卫生，具体措施如下。

① 在大门设消毒池，要求进出的一切车辆必须彻底消毒，以防病原体带入场内。同时对工作人员、来访客人及进出的杂物等应严加管理和监督。饲养人员每次进鸽舍前必须洗手、脚踏消毒液、穿工作服和工作鞋，工作服不能穿出鸽舍，饲养期间常清洗消毒；不准相互串舍聊天、借用工具；所有用具在进鸽舍前必须经过消毒。来访客人一般不准进入鸽舍，特殊情况下必须进行严格消毒后方能进入。其他闲杂人员严禁入场。

② 鸽舍要求清洁卫生，每月至少消毒 2 次。饮水器要求每天清洗、消毒 2 次。水箱等供水系统每周清洗、消毒 1 次。坚持每周带鸽喷雾消毒 2 次，但在免疫前、中、后 3 天不宜进行。

③ 科学处理淘汰的病鸽和死鸽。对无治疗价值的病鸽应及时淘汰，并做无害处理，以防成为传染源而危害其他健康鸽，有望治疗的鸽要与健康鸽隔离饲养，以控制传染源，防止疫情扩散。

④ 防止活体媒介和中间宿主与鸽群接触。及时搞好鸽舍内卫生，防止蚊蝇滋生，经常捕捉老鼠，禁止猫、狗进入鸽场等。

三、鸽舍内微环境的控制

鸽舍微环境控制也是保证规模化鸽场健康养殖的一个关键点，但是常常被忽视。而恶劣的鸽舍微环境，如通风不良、养殖密度大、有害气体浓度高、湿度大等都是病原微生物滋生的温床。另外，光照过于强烈、噪声和粉尘过大等，也不利于肉鸽的繁育和生长。因此，就如何提高规模化鸽场肉鸽的生产性能，必须有效控制和注意以下几个重要环节。

1. 通风

不论鸽舍大小或养鸽数量多少，保持舍内空气新鲜、通风良好是必不可少的。在饲养高密度的鸽舍，这个问题尤为重要。因为通风不好，随时会有大量的有害气体，如氨、二氧化碳和硫化氢等气体释放出来，并充溢于整个鸽舍，影响鸽的正常生长、产蛋并引发多种疾病。

2. 光照

光照对鸽的产蛋性能影响较大，合理的光照能刺激排卵，促进鸽的正常生长发育，增加产蛋量。冬季白天短，光照不足，对种鸽繁殖生产不利，一般应于晚上补充鸽舍人工光照3～4小时，这样能够有效地提高种鸽产蛋率、受精率和乳鸽的体重。通常每10平方米鸽舍采用一盏40～60瓦灯泡即可，光线要柔和，不宜太强或太弱，并定时开关，一般每日鸽舍自然光照加人工光照达到16～17小时，即能保证种鸽正常生产需要。

3. 饲喂

肉鸽在饲喂过程中，一定要合理配制保健砂。保健砂能促进鸽子机体的正常发育，防止鸽患软骨症和产软壳蛋、薄壳蛋及砂壳蛋；能帮助肌胃对玉米、豌豆等大颗粒料的消化，同时砂粒中的微量元素也可被机体充分吸收；保健砂中的红土富含铁、锌、钴、硒等多种微量元素，可有效地维持成鸽健康，促进仔鸽生长。

4. 饮水

肉鸽的饮水量是随环境和温度的变化而变化的。肉鸽夏天的饮水量比其他季节要多，笼养式肉鸽比平养式肉鸽饮水量要多。每只每天饮水量为5～60毫升，饮水器应做到洁净卫生，供水要保证干净无污染。如饮水供给不足或饮水不清洁，则极易导致肉鸽患病死亡。

5．温度

通常鸽舍温度在 5℃以上时，种鸽可照常产蛋、抱孵、哺育雏鸽，如果温度低于 3℃时，应增设取暖设施，尤其在冬季应注意做好保暖工作。鸽舍的门窗在夜间或风雪天要挂草帘，有利于提高舍温，还可在鸽舍的北墙外用玉米秸等搭成风障墙、垛草垛挡风御寒。

6．湿度

鸽舍内湿度一般以 50％～55％为宜，如果舍内湿度太低，鸽子容易表现呆滞，羽毛蓬乱，皮肤干燥，羽毛和喙爪等色泽暗淡，并且极易造成机体脱水，引起鸽群发生呼吸道疾病。潮湿空气的导热性为干燥空气的 10 倍，冬季如果舍内湿度过高，就会使肉鸽机体散发的热量增加，使鸽更加寒冷；夏季舍内湿度过高，会使鸽呼吸时排放到空气中的水分受到限制，鸽体污垢，病菌大量繁殖，易引发各种疾病，引起产蛋量下降。生产中可采用加强通风和在室内放生石灰块等办法降低舍内湿度。

规模化肉鸽场大环境、内环境和微环境的有效控制，三者紧密和统一的结合，自始至终贯穿着以"鸽"为本的核心管理方式，切实搞好鸽场环境卫生，是保证鸽场成功养殖和创造更大经济效益的法宝。

第五节　鸽场消毒

鸽场消毒是消灭来自于传染源的污染，即存在于外环境中的致病微生物。消毒可切断病原的传播途径，从而预防传染病的发生或阻止传染病继续蔓延，是一项十分重要的常规防疫措施。

一、消毒种类

1．预防性消毒

是指在正常的饲养管理条件下，传染病尚未发生时，对可能受病原污染的禽舍、场地、用具和饮水等进行的消毒。预防性消毒内容比较广泛，消毒的对象也是多种多样，如鸽场进出口处人和车辆的消毒、鸽群全出后的笼舍消毒、饮水的消毒、种蛋的消毒、孵化器的消毒等。

2. 疫源地消毒

疫源地消毒是对目前存在或曾经发生过传染病的疫区（点）进行的消毒，为了及时和有效地杀灭由传染源排出的病原体。根据实施消毒的时间不同，又分为随时消毒和终末消毒。

（1）随时消毒　随时消毒是指疫区（点）内有传染源存在时实施的消毒措施。消毒对象是病鸽或带菌（毒）鸽的排泄物、分泌物，以及被污染的鸽舍、场地、用具和物品等，需要多次反复进行。

（2）终末消毒　终末消毒是指发生烈性传染病的鸽群已经死亡、淘汰直至最后全部处置完毕，传染源已不复存在时，对鸽场内外环境、所有用具和相关物品进行一次全面彻底的大消毒。

二、消毒方法

在禽畜养殖业日益向集约化和规范化发展的今天，对传染病防治显得更为突出。由于密集饲养，动物互相接触的机会越多，病原微生物传播的速度也就越快。传染病一旦暴发，再采取措施，往往就来不及了。而对肉鸽场实行定期消毒，使鸽周围环境中的病原微生物减少到最低程度，以预防病原微生物侵入肉鸽群，可有效控制传染病的发生与扩散。

根据消毒对象的不同，可采用不同的消毒方法。

1. 物理性消毒法

（1）清扫　这种办法适用于所有鸽舍、设施、设备及运输工具等，更适合日常鸽舍的清洁维护，是最基本和最经济的消毒方法，是进行其他消毒方法必须开展的工作。及时、彻底地清扫鸽舍内粪便、灰尘、羽毛等废弃物，可去除鸽舍中 $80\% \sim 90\%$ 的有害微生物。需要注意的是，进行日常鸽舍的清扫时应注意喷水，避免灰尘飞扬，降低清扫工作对肉鸽健康的影响。常用的工具有扫帚、鸡毛掸等，部分鸽场还因地制宜使用稻草、布条等材料代替鸡毛制作掸。

（2）冲洗　适合空鸽舍和车辆的消毒，多选择高压冲洗，可冲洗掉鸽舍中清扫时的残留物，或冲洗无法清扫的地方。工具选择高压水枪。冲洗顺序是先屋顶，再墙壁和笼具，最后是地面，由高到低，避免后面冲洗的污水污染了刚冲洗干净的地方或物品。虽然部分地区在炎热季节带鸽冲刷，但尽量避免带鸽冲洗，以免淋湿鸽子和冲洗液沾污鸽子，那样会对肉鸽产生较大的应激和污染。

进入肉鸽场的饲料运输车等，应在场区外对其表面消毒，然后经过消毒池后才能进入场区，若需进入生产区应再次消毒后方能进入。

（3）火烧　适合空鸽舍的消毒，多在清扫、冲洗后再次对鸽舍进行消毒，是传统的消毒方法。使用煤油喷灯的火焰喷烧场面、砖墙、金属、不易燃笼具等，利用高温杀死病原体，其消毒作用更彻底，消毒效果更好。但是要注意，在火烧前一定要清扫干净，过多的灰尘、残留物会影响消毒效果，喷烧时不能烧到易燃材料，禁止在易燃易爆场所使用，以防出现火灾事故。同时，做好个人防护工作，避免烧伤自己。

（4）喷雾　适合生产中鸽舍的清洁工作。肉鸽来源于鸟类，有飞翔特性，当喂料时，易拍打翅膀，扬起粉尘。这些灰尘中的细菌容易让鸽子患上细菌感染和呼吸道疾病。针对鸽子的这种生活特性，可以在喂料前或喂料的同时，使用喷雾机进行喷雾消毒，大部分时间并不需要添加任何消毒剂，只需要使用水。据研究，使用水喷雾可清除 $80\% \sim 90\%$ 的灰尘，可使细菌量减少 $84\% \sim 97\%$。

（5）煮沸　适合工作服、垫布、器皿等物品，一般在清洁后进行煮沸消毒，是常用的消毒方法，也是非常经济实用的消毒方法。需要注意的是，所有煮沸的物品一定要浸泡于水中。一定要烧沸，并且持续一段时间（一般为30分钟），煮沸物品取出晾干后，需要放置于清洁的地方，注意避免被污染，煮沸物品一般现煮现用，放置时间太久不能用，要重新消毒。

（6）紫外线消毒　适用于更衣室，将工作服、鞋用完后悬挂于更衣室内，开启紫外线灯，照射1～2小时消毒。需要注意的是，工作服、鞋每周应洗净1～2次并熏蒸消毒24小时。

（7）高压高温　适合兽医物品，工具为医用高压锅，现在颗粒饲料也采用高温的方式生产。

（8）更衣（鞋）　进入生产区时以及从生产区进入鸽舍更换衣帽（鞋），可有效防止外界病原体进入鸽场、鸽舍，是日常管理环节之一。

2. 化学消毒法

化学消毒是鸽场常采用的消毒方法，并且消毒已从过去单一的环境消毒，发展到如今的带鸽消毒、空气消毒和饮水消毒等多种途径消毒，所用的消毒剂种类也非常多。

（1）合理使用消毒药　在防治鸽传染病中，合理使用消毒药是很重要的。理想的消毒药应该是杀菌性能好，作用迅速，对人、鸽和物品无损害，性质稳定。可溶于水，无易燃性和爆炸性，价格低廉，容易得到。严格来说，现有的消毒药都存在一定的缺点。也就是说，没有一种消毒药水在任何条件下都能杀死所有的病原微生物。消毒药的作用受到很多因素的影响增强或减弱。为了充分发挥消毒药的药性，应先了解这些影响因素，在生产中加以利用。

① 微生物的敏感性　不同的病原微生物对消毒药的敏感性有着明显的不同，如病毒对碱和甲醛很敏感，而对酚类的抵抗力很大。大多数的消毒药对细菌有作用，但对细菌的芽孢和病毒作用却很小，因此在消灭传染病时，应考虑病原微生物的特点，选择合适的消毒药。

② 环境中有机物质的影响　当环境中存在大量的有机物如鸽子的粪便、尿、血、炎性渗出物等，都能阻碍消毒药直接与病原微生物接触，从而影响消毒药效力的发挥，同时由于这些有机物往往能中和及吸附部分药物，也使消毒作用减弱。因此在消毒药物使用

前，应进行充分的机械性清扫，清除被消毒物品表面的有机物，使消毒药能充分发挥作用。

③ 消毒药的浓度　一般来说，消毒药的浓度越高，杀菌力也就越强，但随着药物浓度的升高，对活组织的毒性也就相应的增大了。当浓度达到一定程度以后，消毒药的效力就不再增高。因此，在使用中应选择有效和安全的杀菌浓度，如70％酒精杀菌效果要比95％酒精好。

④ 消毒药的温度　消毒药的杀菌力与温度成正比，温度升高，杀菌力增强，因而夏天杀菌效果要比冬季强。为此，冬季消毒时可加入适量开水，以增强消毒药的杀菌力。

⑤ 药物作用的时间　一般情况下，消毒药的效力与作用时间成正比，与病原微生物接触时间越长，其消毒效果就越好。作用时间若太短，往往会达不到消毒的目的。

（2）常用的消毒药　常用的消毒药有氢氧化钠（烧碱）、过氧乙酸、甲醛（福尔马林）、漂白粉、高锰酸钾、百毒杀、新洁尔灭、次氯酸钠和碘制剂（碘伏）等。

（3）肉鸽常用的消毒方法

① 浸泡消毒　在鸽场、鸽舍的进出口设置消毒池，用10％石灰乳或5％～10％漂白粉或2％氢氧化钠药液，要经常保持药液的有效浓度，定期更换消毒药，保持药性的有效性。能够耐浸泡的物品也可采用此法消毒。

② 喷雾消毒　将消毒液配制成一定浓度的溶液，用喷雾器进行喷雾消毒。喷雾消毒的消毒药应对鸽和操作人员安全，没有不良反应，而对病原微生物有杀灭作用。需要注意的是，要想消毒效果好，喷雾的雾滴粒径应在100微米左右，使水滴呈雾状，一般要求在空间中停留的时间达10～30分钟，对空气、墙壁、地面、笼具、鸽体表、鸽巢、栖架等发挥消毒作用。生产区、生活区环境每月喷雾消毒2次，消毒药物每月更换1次，以防止病原微生物产生抗药性。生产区舍内外主要干道应每日清扫，每周使用规定的消毒剂消毒1～2次，尸体剖检室（或剖检尸体的场所）、运送尸体的车辆、

经过的道路均应立即进行冲洗消毒。

③ 熏蒸消毒 常用甲醛配合高锰酸钾进行熏蒸消毒，消毒药的气雾渗透到各个角落，消毒比较全面。消毒时必须封闭鸽舍，应注意消毒时室内温度不低于 18℃，舍内的用具等都应打开，以便让气体渗入。放甲醛的容器不能放在地板上，必须悬吊在鸽舍中。药品的用量是每立方米的空间应用 40% 甲醛 25 毫升、水 12.5 毫升、高锰酸钾 25 克。计算称量后，将水和甲醛混合，倒入容器里，然后将高锰酸钾倒入，用木棒搅拌。经几秒钟以后即见有浅蓝色刺激眼、鼻的气味蒸发出来。经过 12～24 小时后才可以将门窗打开通风，消毒后隔 1 周，等到刺激气味消失才可以使用。

三、消毒制度

随着肉鸽生产的迅速发展，对规模化、集约化养鸽的要求越来越高，为了保障鸽群的健康生长，必须建立完善的兽医管理制度。

1．建消毒池

鸽场、鸽舍的入口处要建消毒池，并经常交替更换消毒药液，以保证药效。大门口消毒池的大小为 3.5 米×2.5 米，其中为放置的消毒水，应能对车轮的全周长进行消毒，消毒池上方应设置挡雨棚，该消毒池旁边可另设行人消毒池，供人员进出使用。

2．控制非生产人员进入

生产区内严格控制外来人员参观，非工作人员和车辆不得随意进入。必须进入时应经过严格的消毒后，才可以进入。场内工作人员进入生产区前也必须经过消毒室或消毒走廊更衣消毒，场内工作人员不可随意串走，舍内工具也应固定使用。

3．严禁混养

鸽场内不能混养其他家禽或家畜，并尽可能地杜绝野禽进入鸽场。

4．控外源病害

鸽场工作人员不得从外面购食病死畜禽，也不能在外面从事家禽的养殖活动，以免传染病的引入。

5．实施隔离

病鸽要及时隔离，死鸽经兽医工作人员检查后，可在离鸽场较远处深埋或焚烧，切忌到处乱丢或喂养别的动物，否则会导致病原微生物到处散布。场内饲养人员不得私自解剖病死鸽。

6．定期消毒

定期对鸽舍内外的环境、地面进行消毒，一般要求每月对周围环境至少消毒1次，每周对鸽舍至少消毒2次。

第六节　鸽场免疫

疫苗是指用各类病原微生物制作的用于预防接种的生物制品。防疫的具体作用是通过疫苗的免疫接种刺激机体对疫病产生有效的抵抗力，当遭受外来病原侵扰时，在机体和疫病之间设置一道安全有效的屏障。

用于鸽场免疫的有活菌（毒）疫苗、灭活疫苗、类毒素、亚单位疫苗、基因缺失疫苗、活载体疫苗、人工合成疫苗、抗独特型抗体疫苗等。一般在临床上常用的有冻干活疫苗和油乳剂灭活疫苗，如鸽痘冻干苗、鸡新城疫油乳剂灭活疫苗等。

在实际生产实践中，不仅要参照疫苗使用说明书的使用细则，同时还要结合考虑当时、当地的流行病情况，建立与本场密切相关的、实时的、科学的疫苗接种计划。

1．活疫苗免疫方法

鸽预防接种方法有很多种，不同的免疫方法有不同要求，需防止接种技术的错误。

（1）饮水免疫　此方法省工、省力，使用恰当效果会更好。免疫前禁水2～3小时，将疫苗混匀于饮水中，再让肉鸽饮用，控制在15～30分钟内饮完，这样短时间内即可达到每只鸽都能饮用到足够均等的疫苗。要注意，使用疫苗前后24小时不得使用消毒剂。

疫苗的浓度配制不当，疫苗的稀释和分布不均，用水量过多，免疫前未曾停水，水质不良，含有化学或消毒剂等，都可影响疫苗的效果。

若用自来水应搁置 8 小时以上，待无有效氯后才能使用，最好加入 0.2％脱脂奶粉；饮水器要充足，保证让大部分鸽子同时喝到；容器要干净，不能用各种金属容器；饮水免疫前要禁水，夏季 2～4 小时、冬季 4～6 小时；根据鸽品种、大小等计算好总的饮水量，争取在半小时内饮完。

（2）滴鼻或点眼　用滴管将稀释好的疫苗逐只滴入鼻腔内或眼内。滴鼻或点眼免疫时要控制速度，确保准确，避免因速度过快使疫苗未被吸入而甩出，造成免疫无效。

（3）气雾免疫　疫苗采用加倍剂量，用特制的气雾喷枪使雾化充分，雾粒子直径在 40 微米以下，让雾粒子能均匀地悬浮在空气中。若雾滴颗粒过大，沉降过快，鸽舍密封不严，会造成不能被鸽吸入或吸入不足，影响疫苗的免疫效果。喷雾时，操作者可距鸽子 2～3 米，喷头和鸽保持 1 米左右的距离并呈 45 度角，使雾粒刚好落在鸽的头部。喷雾免疫时，须将鸽舍关闭，喷完后再封闭 15～20 分钟，方可打开通风。

（4）注射免疫　包括皮下注射和肌内注射。注意稀释液、疫苗瓶、注射器、针头等要严格消毒。还要注意注射方法，若针头过长、过粗，疫苗注射到胸腔、腹腔或神经干上，可造成鸽死亡或跛行。

（5）刺种　用针头或钢笔尖蘸取疫苗液，在鸽的翅膀内侧少毛无血管部位接种，主要用于鸽痘疫苗的免疫，刺种前应将工具煮沸消毒 10 分钟，接种时勤换刺种工具。

2．疫苗的保存

（1）低温保存　生物制品怕热，特别是活菌苗必须低温冷藏，保存时防止温度忽高忽低，各种不同类型疫苗的保存方法和保存期是不同的。通常活苗需要低温冷冻保存，部分活菌苗需要低温冷藏保存，灭活苗保存在 4～8℃为好。目前，我国生产的弱毒疫苗以冻干苗为主，也有部分液体苗。其中，液体苗较冻干苗的保存温度要求更严格，切忌反复冻融。

（2）疫苗的运输　冻干疫苗应于冰箱冻结层内存放，灭活油乳剂疫苗存放于冰箱保鲜层或室温阴凉处。短途运输时可用保温箱放入冰块后进行运送，长途运输应有专用的冷藏车运送，途中严防日晒。使用时不可将疫苗靠近高温或在阳光下暴晒。另外，液氮罐储存的细胞苗在使用前包括运输途中必须一直保存在有充足的浓氮罐内。

（3）疫苗接种时注意事项

① 使用前要逐瓶检查。选择优良品质的疫苗，了解疫苗的性能和类型，认清疫苗的批号、出厂日期、厂家和用量，切勿使用过期疫苗和非法疫苗。注意苗瓶有无破损，封口是否严密，瓶签上有关药品的名称、有效期、剂量等记载是否清楚，并记下疫苗的批号和检验号，若出现问题便于追查。

② 消毒防污染。各种疫苗应按说明书的要求使用，冻干疫苗要现用现配，配好的疫苗尽可能 1 小时内用完，灭活油乳剂疫苗使用前要从冰箱取出，回温。

疫苗接种的用具，如注射器、针头、滴管、稀释液瓶等，都要事先洗干净，并经煮沸消毒方可使用。针头至少要做到注射一组（笼）禽换一个，在疾病流行时应每只换一个；吸取苗液一次不能吸完时可不拔出针头，便于继续吸取，但切勿用注射家禽后的针头吸苗，以免污染整瓶疫苗。

③ 正确稀释。需稀释后使用的疫苗，要根据每瓶规定用稀释液进行稀释。无论是生理盐水、缓冲盐水、蒸馏水或铝胶盐水，都应与疫苗一样要求瓶内无异物杂质，并在冷暗处存放。已经打开瓶塞的疫苗或稀释液，须当天使用，若用不完则废弃。切忌用热的稀释液稀释疫苗。

④ 必须执行正确的免疫程序。预防不同的传染病应使用不同的疫苗，即使预防同一种传染病，有时也要根据具体情况选用不同毒株型号或类型的疫苗。应当根据鸽的品种、日龄、本场和本地区

疾病发生与流行规律、雏鸽母源抗体水平、相关免疫监测结果、疫苗类型等，制订和执行免疫程序，这样才能达到有效免疫预防传染病的目的。

⑤ 了解和掌握本场和本地区疾病动态。接种疫苗是为了预防传染病，必须在了解疫情的基础上，有目的、科学免疫预防。因为只有肉鸽在处于健康状况下接种疫苗，才能有好的免疫效果，而正在发病或不健康的鸽子，一般不宜接种疫苗。

⑥ 正确认识紧急预防接种。在某些肉鸽传染病发生的早期，可以通过及时接种疫苗，促使鸽子快速产生抗体而达到预后控制该病的目的。如鸽群中早期发现鸡新城疫，可进行紧急预防接种，但应剔除病鸽。对假定健康鸽进行接种时应做到只只更换针头，还要注意的是部分潜伏期的病鸽并不可能得到保护，大群一般经 1 周后疫情即可平息。

⑦ 加强饲养管理，减少应激因素。接种疫苗后并非万事大吉，通常在接种疫苗后 7~14 天，肉鸽机体才能产生一定的免疫力。在这段时间内，要认真搞好饲养管理，如饲喂全价饲料，防止病原入侵，减少应激因素（如寒冷、拥挤、通风不良、氨气浓度过大等），保证机体产生良好的免疫力。

有了"全进全出"制度，完善的消毒和防疫措施，还需要加强管理。制度、措施和人的管理，三者有机的结合，这就是规模化肉鸽场疫病可防可控的坚实堡垒和有效保障，是保证肉鸽养殖可持续性发展的锦囊法宝。

第三章

选好鸽品种

遗传变异是生物界的普遍规律，遗传是指子代与亲代之间的相似性，变异是指子代与亲代间、子代个体间的差异。正是由于存在着遗传、变异和自然选择，才有了物种的进化，后来由于人为的干预即所谓的人工选择的进行，才出现了今天适合于不同用途的众多鸽种的存在。遗传使经过人工选择表现于亲鸽的优良性状能在子代中继续存在，使育种工作得以继续；变异使各种新的性状在子代中可能表现，从而使育种工作可以多向性和递进性。因此，遗传、变异和人工选择是鸽子育种的基石。肉鸽的饲养发展到今天，已成为现代化的商品生产，集约化、工厂化的肉鸽场已经遍布全国各地。进行快速的鸽产业生产，提高鸽场的经济效益，饲养优良鸽种是首要条件。

家鸽是由野鸽驯化而来，人们经过长期不断的选种和育种而形成各种不同的家鸽品种。家鸽的品种按其用途可分为肉用鸽、信鸽和观赏鸽，本书仅重点谈肉用的鸽品种。目前世界上肉鸽的品种、品系繁多，有资料可查的有几十种之多。

第一节　国内主要优良鸽种

一、石岐鸽

石岐鸽是在我国广东省石岐镇（即现在的中山市区所在地）育成的，是我国较为大型的肉鸽品种之一。据资料记载，早在1916

年，住在美国的我国广东华侨回国探亲时带回了王鸽、仑替鸽和贺姆鸽等名种，石岐鸽就是人们利用这些名种鸽与本地鸽交配育成的新品种，并在香港、澳门等地经养鸽界人士及鸽场的不断改良，成为目前已定型的、著名的中国石岐鸽。

石岐鸽体型较长，翼及尾部也较长，形状如芭蕉的蕉蕾，平头光胫，鼻长嘴尖，眼睛较细，胸圆；适应性强，耐粗饲；就巢、孵化、受精、育雏等生产性能良好，年可生产乳鸽 7～8 对；但其蛋壳较薄，孵化时易被踩破。成年鸽体重为雄鸽 760～800 克，雌鸽 650～750 克，乳鸽体重可达 600 克左右。

石岐鸽肉质鲜美，有丁香花的味道，其肉质可与王鸽、卡奴鸽、蒙腾鸽等乳鸽媲美。石岐乳鸽具有皮色好、骨软、肉嫩、味美等特点，因此驰名中外。

现在的石岐鸽毛色较多，有灰二线、白色、红色、雨点、浅黄及其他杂色。但是，由于石岐鸽保种工作做得不好，加上近年来养鸽业的发展，外来鸽种较多，原有石岐鸽很多与王鸽、杂交王鸽等杂交，本地石岐鸽出现了退化的现象，较为正宗的石岐鸽在产地的中山也较少见。从 1999 年开始，陈益填等人以中山市食用鸽场饲养的群体较大的石岐鸽为提纯复壮的基础群，对其开展了选育工作，至 2002 年，新选育的石岐鸽（白羽系）以崭新的面貌出现在广大养鸽爱好者面前。

二、佛山鸽

佛山鸽是在广东省佛山市育成的新品种，与石岐鸽种同样是著名的食用鸽。其性能是多产，生长快，繁殖率高。该鸽是 1910 年佛山养鸽人士用本地鸽同仑替鸽杂交的后代，它的体型健美，在餐桌上其色、香、味不亚于石岐鸽。

佛山鸽的成年鸽体重也达 700～800 克，体型大的可达 900 克，其体型是平头、光胫、紧羽，目光锐利，颈部肥胖与石岐鸽的体型有些相似，不同的地方是佛山鸽的脚较石岐鸽稍短，尾巴下垂。

三、杂交王鸽

杂交王鸽，也有称香港杂交王鸽和东南亚王鸽，主要是香港及台湾养鸽者利用王鸽和石岐鸽或肉用贺姆鸽杂交的后代，其体型介于王鸽和石岐鸽之间。杂交王鸽的体型比美国商品型王鸽稍小，体重也稍轻。杂交王鸽的羽毛颜色多种多样，有白色、灰色、红色、黑色、蓝色、棕色、花色和杂色等。目前，香港地区多饲养这种杂交王鸽，广东、广西、福建、湖南、上海、北京等地都养有大量的杂交王鸽。杂交王鸽的体重适中，1年龄成鸽体重为雄鸽660～800克，雌鸽550～700克，4～6月龄留种鸽平均体重达650克。其后代乳鸽生长较快，2周龄乳鸽毛重400～450克，3周龄以上乳鸽毛重550～650克。杂交王鸽的繁殖性能也较好，每对种鸽年产仔鸽可达6～7对。杂交王鸽的市场价格较便宜，每对种鸽40～60元。因此，杂交王鸽适宜于生产商品乳鸽，供应内地和港澳地区人们肉食的需要。但是，杂交王鸽的遗传不稳定，体型和毛色不一，在生产过程中易发生品种退化，饲养者应不断选优淘劣，提高种群生产水平，才能保证饲养肉鸽的经济效益。

四、公斤鸽

公斤鸽是我国著名养鸽专家陈文广培育成功的一个新品种。该鸽含贺姆鸽的血统，产于昆明，体重1000克左右，适应性和抗逆性强。幼鸽前期生长快，早熟、易肥、耐粗、省饲料，经济效益高。该鸽体型偏长，以瓦灰色最多，也有雨点和其他毛色。公斤鸽是肉鸽中飞翔力较强的品种之一，因成年体重达1000克而得名，也成为我国西南地区较有名的良种肉鸽。

五、太湖肉鸽

太湖肉鸽是2001年由江苏省吴江市太湖肉鸽养殖有限责任公司利用美国王鸽的优势性状，选择生长速度快、繁殖率高、体型大、产蛋多、抗病能力强的种鸽，根据纯种繁殖原理进行提纯复壮、繁殖扩群育成的一个新品系肉鸽，因其地处太湖流域而取名为太湖肉鸽。2001 年通过江苏省科委验收鉴定。

该品种肉鸽羽色纯白、有光泽、体型大、形态美，在保留美国王鸽特征的基础上，又具有自身的新特点，每对年产蛋 17 枚，出雏率达 86.6%，乳鸽 4 周龄体重达到 631 克，更适合于商品肉鸽的要求。成年鸽体重可达 961 克，发病率在 0.3% 以下。

六、良田王鸽

良田王鸽是广东省家禽科学研究所良田肉鸽研究基地培育的肉鸽新品系，是利用美国白王鸽和广东石歧鸽杂交培育而成。该种鸽属中上体型，羽毛纯白，喙浅白色，鼻瘤粉红色，眼球黑色，虹彩灰色，眼睑红色，脚鳞红褐色，尾羽较尖，静态时尾羽与地面平行或稍上翘。雄鸽头圆颈粗，眼大有神，尾羽较长；雌鸽头部圆而小，羽毛紧凑，颜面清秀，性情温驯。成年体重雄鸽 675～800 克，雌鸽 575～700 克。种鸽可年生产乳鸽 8～9 对。青年鸽体重，2 月龄平均为 580 克，3 月龄平均为 595 克，4 月龄平均为 620 克。上笼成熟期体重为雄鸽 660～750 克，雌鸽 575～650 克，25 日龄乳鸽上市活重为 610 克，全净膛 400 克以上。该鸽遗传性能较稳定，整齐度高，后代极少有遗传变异的情况；生产性能高；乳鸽质量好；生产周期短，抗性好。

七、泰深自别鸽

泰深自别鸽是一种能够根据毛色分别雌雄的新品系，是由广东省家禽科学研究所与深圳农业科学研究中心合作选育的肉鸽新品种。该种鸽属中等体型，头部圆，颈粗壮，背较宽，胸肉厚。雌雄鸽羽色各不相同，雄鸽颈部至嗉囊间有 4～6 厘米的浅红褐色环，故称环颈。少部分雄鸽的翅膀主翼羽末端或尾羽末端有黑色块或黑斑，其余羽毛皆为白色或灰白色。雌鸽的羽色似"灰二线"，全身羽色浅灰黑色，颈部羽毛灰黑色较深，翅膀中间有两条 1～1.5 厘米的黑色带，喙尖浅灰黑色。种鸽生产性能较好，年平均产蛋 9～

10 窝，可育成乳鸽 13～14 只，平均体重 618 克，胴体全净膛重 400 克。部分乳鸽肤色为浅黑色。乳鸽在出壳后 3～4 天基本可依毛色辨别雌雄。这一特点是目前种鸽中少有的，此有利于留种。可依毛色选留，使雌雄鸽的比例适当，便于有目的地选种，也利于种鸽成熟后配对上笼，准确率几乎达到 100%。

八、深王鸽

深王鸽由广东省家禽科学研究所与深圳农业科学研究中心合作，利用白王鸽经过多年的提纯复壮不断选育而成，是一种块大品系，早期生长速度快，生产繁育性能较好。体型特征同白王鸽相似，全身白羽，体型中等偏大，尾稍长，尾羽与地面平行或稍上翘，头大颈粗，背宽胸深，胸肌饱满，脚较粗壮，举步矫健有力。成年鸽体重为雄鸽 762 克，雌鸽 705 克。种鸽年可生产仔鸽 8～9 对。乳鸽上市体重可达 650 克，部分可达 750 克。屠宰全净膛重 450 克，可达到出口一级收购标准，胴体肤色为白色。肌肉中决定肉味的赖氨酸和天冬氨酸的含量都较高，保持了深受食客喜欢的王鸽的鲜美口味。

九、天翔系列鸽

天翔系列鸽由深圳市天翔达牧工贸公司育成。

① 深王鸽（祖代）。以美国王鸽为原型，经 4 个世代 5 年选育而成，属块大型品系，年产鸽仔达 12.93 只，25 日龄乳鸽体重达 661.88 克。

② 新白卡鸽（祖代）。以法国白卡奴为原型，经过 4 个世代 5 年选育而成。属高产型品系，年产鸽仔达 15.71 只，25 日龄乳鸽体重达 551 克。

③ 泰深鸽（祖代）。以法国泰克森为原型，经过 4 个世代 5 年选育而成。是雌雄自别的肉鸽新品系，雌雄自别率达 99.3%。体重中等，高产，年产鸽仔达 13.29 只，25 日龄乳鸽体重达 618.18 克。

④ 天翔Ⅰ号（父母代）。以深王（快大型）为父本，以新白卡为母本进行杂交，经过 4 个世代选育而成，集块大与高产为一体，年产鸽仔达 13.87 只，25 日龄乳鸽体重达 658.26 克。

⑤ 天翔Ⅱ号（父母代）。以天翔Ⅰ号为父本，以肉用型自王鸽为母本进行三元杂交而成。体型中等偏大，年产鸽仔 14.27 只，25 日龄乳鸽体重达 638.87 克。

十、大槐良种白鸽

大槐良种白鸽是近年来在广东省恩平县大槐镇雄兴白鸽场培育出来的良种肉鸽，科技人员用体大肉质香嫩的美国王鸽与羽丰高产的日本大白鸽进行杂交，精心培育出新的良种大白鸽。每对种鸽年可产仔 13 只，饲养 24 天就可达到体重 700 克。该鸽肉厚、骨脆、生长快、产量高，很受国内外养鸽户和消费者的欢迎。

第二节　国外主要优良鸽种

国外的优良鸽种有很多，这里针对较有名的国外优良鸽种向大家做详细介绍。

一、王鸽

王鸽是在美国育成的，是目前世界上公认的大型肉用鸽种，现已遍布世界许多国家和地区。由于白色羽毛的王鸽最具代表性，所以王鸽又称为大白鸽。实际上，王鸽除白色外还有灰、银、红、蓝、棕、黑等各种羽色，下面着重介绍白王鸽和银王鸽。

1. 白王鸽

白王鸽是美国在 1890 年用仑替鸽、白马耳他鸽、白蒙腾鸽与贺姆鸽杂交，经过近 50 年的时间育成的。该鸽种的培育，最初是为了生产商品乳鸽用，后来又培育作展览用。至今，白王鸽按其用途分为两种类型，一种是展览型白王鸽，另一种是商品型白王鸽。展览型白王鸽体型较大，全身羽毛纯白，头部较圆，前额突出，嘴细鼻瘤小，胸宽而圆，背大且粗，尾短且翘，不善飞翔，步态健稳，婀娜多姿，似漂亮的母鸡。每对售价可达 800 美元左右，但其繁殖性能较差，平均每只种鸽每年产乳鸽 5～6 对。商品型肉用王鸽体型较小，全身羽毛为白色，身体较长，尾较平，其繁殖性能较好，每对种鸽平均每年可产乳鸽 6～7 对，售价每对 100 美元左右。乳鸽的屠宰率较高，每只全净膛重可达 400～450 克。乳鸽胴体为白色。

2. 银王鸽

银王鸽是美国加利福尼亚州从 1909 年开始，经过近 40 年时间培育成功的。据说，银王鸽是用银色蒙丹鸽、银色仑替鸽和白马耳他鸽杂交培育而成的。另一种说法是只用银色马耳他鸽和银色仑替鸽杂交育成的。银王鸽的体型比白王鸽稍大，按其用途也分为展览型银王鸽和商品型银王鸽两种类型。前者与展览型白王鸽的体型相似，体型大，身短，尾翘；后者与商品型白王鸽相似，体型较展览型王鸽小些，身体较长，尾部较平。但银王鸽的羽毛特征为银灰色的翅膀上有 2 条深色线，具有青铜色光泽，其繁殖力也比白王鸽高，每对种鸽年产仔鸽数，展览型银王鸽为 6 对，商品型银王鸽为 6～8 对。

1921 年美国将原来的白王鸽协会和银王鸽协会合并，成立王鸽协会。1932 年美国王鸽协会认为，其他羽色如灰色、红色、黄色、黑色和褐色的王鸽均属于展览型王鸽。1956 年美国王鸽协会又规定了展览型王鸽和商品型王鸽的标准。展览型王鸽的体重标准，成年（1 年龄）王鸽体重为 812～1008 克，青年（4～6 月龄）鸽体重为 766～952 克。其体型标准，体高 29.85 厘米，胸宽 12.70 厘米，尾尖到胸腔前部锁骨 24.13 厘米，体型呈圆宝形，较为短胖，胸圆背宽，尾短而翘，嘴细而鼻瘤小，头盖骨圆且向前隆起，形态笔挺，性情温驯，不善飞高。商品型肉用王鸽的体重标准，1 年龄成年鸽为 728～840 克，4～6 月龄青年鸽为 672～784 克；体型较展览型王鸽小，体躯较长，不翘尾，能高飞，繁殖力较展览型王鸽好，每对种鸽平均每年可多繁殖 2 对仔鸽。

试验数据统计结果证明，该品系是目前生产性能最好的肉用鸽种之一，它具有与其他种鸽不同的几大优点。

① 基因相当稳定，体型较大，成年雄鸽体重 650～750 克，雌鸽 550～650 克，毛色一致，都为银灰色，后代仔鸽的体型、体重和羽色都没有差异。

② 生产性能高，年产蛋量达 16～18 枚，可育成乳鸽 6～7 对，蛋的受精率和孵化率也较高。

③ 乳鸽生产速度快，2 周龄平均体重为 436 克，3 周龄平均体重为 622 克。

④ 鸽的抗病能力强，发病率较其他品种少 40%～50%。

⑤ 饲料报酬高，由于产鸽体重适中，乳鸽生长速度快，使饲料成本降低。因此，该鸽种深受国内各地养鸽人士的欢迎，目前仍在进行大力的推广。

二、卡奴鸽

卡奴鸽又名加奴鸽、赤鸽、田舍鸽，为鸽界中人所喜爱的名鸽，它是产于比利时之南和法国之北的中级食用鸽，19 世纪才入美洲亚洲各国。此鸽的最大特点是多产肥美的幼鸽，年产可高达 14 只乳鸽，每只重可达 500 克以上。

饲养卡奴鸽成本低、产量大，容易获利。有经验的食家也多喜欢吃卡奴幼鸽，原因是其肉厚、少脂肪，结缔组织丰富。百粤名菜中的淮杞炖乳鸽，以卡奴鸽为上品，汤及肉均极佳。我国发展食鸽市场后多养卡奴鸽种，以满足食客的需要，并丰富肉鸽品种，提高乳鸽的品质。

卡奴鸽的身型酷似筋斗鸽及王鸽，结实雄伟，有挺直之姿，身轻似燕，飞飞停停，喜欢在地面寻食或玩耍，粗颈短翼，阔胸矮脚，嘴尖头圆，尾巴斜向地面。

有些卡奴鸽似印度的古拉鸽，1 天只爱饱食 1 次再待明天。卡奴鸽的眼睛很小，没有眼睑皮，虹膜永远是黄色的，羽毛光鉴艳丽，羽装紧密，就巢性特别强，育雏性能非常理想，受精孵化率高，育雏一窝接一窝，不停哺仔，即使充作保姆鸽也可一窝哺 3 只，被公认为模范鸽及餐桌上的宠儿。在法国鸽界兼作展览及观赏鸽，其最名贵的羽毛为红色和黄色。美国鸽会认为卡奴鸽的标准羽色有三种，即纯红、纯白、纯黄或者为三色混合者。其他黑色和褐色的均不合规格，主要因为这些乳鸽的胴体皮肤呈黑色，不受消费者欢迎。

红色卡奴鸽原产地是法国和比利时，是欧洲的著名肉用鸽，性能如上所述，深受养鸽者和消费者厚爱。

白色卡奴鸽是美国棕榈鸽场于 1915 年开始培育，至 1932 年育成的，它是利用法国和比利时红色带有较多白色羽毛的卡奴鸽，与白色贺姆鸽、白色王鸽和白色仑替鸽等杂交育成。美国成立了卡奴鸽协会，宣布卡奴鸽的标准体重，成年鸽体重为 600～750 克，乳鸽体重为 550～600 克。

三、仑替鸽

仑替鸽是鸽中的巨无霸，原产地可能是西班牙或意大利，是目前肉用鸽种中体型最大、体重最重的鸽种，成鸽体重可达 725.3 克，鸽界人士形容它体大如母鸡，几乎不能飞翔，性情很温驯，西班牙仑替鸽比意大利的体型稍大，英国将西班牙仑替鸽与意大利的仑替鸽杂交之后，又输入到美国，因此现代很多肉用鸽如加大型贺姆鸽、法国蒙腾鸽和瑞士白蒙腾鸽等，均含有仑替鸽的血统。

仑替鸽的祖先为蓝色大石鸽，体型健壮，德国称之为罗马之鸽，由德国引进再移入英国、美国，在美国改良为大型仑替鸽。美国有大型仑替鸽协会，规定了大仑替鸽的标准，成年雄鸽体重 1400 克、雌鸽 1360 克，青年雄鸽体重 1200 克、雌鸽 1150 克。体长从嘴到尾部为 53～56 厘米，胸围 88～41 厘米，平头大脚，胸部突出，体型短，呈方形，翅和尾均较短，性情安静，年可产蛋 8 窝左右，有白、灰、棕、黑几种颜色，由于体型过大，孵化时常压破蛋。4 周龄大的仑替幼鸽与大贺姆、王鸽、卡奴鸽及瑞士蒙腾之幼鸽不相上下，但到育成期就发育惊人，而王鸽和大贺姆仅在乳鸽期发育较快，过后就不能与之相比了。

实践证明，倘若吃成鸽，以仑替大鸽合算，如生产商品乳鸽，当然就以饲养肉用贺姆鸽、王鸽、卡奴鸽等品种为宜。仑替鸽除了供展览和玩赏外，最大的用处就是作种鸽，利用其大型优良基因与其他种鸽配种，培育新的鸽种。以仑替鸽育成的贺姆鸽、马耳他鸽、卡奴鸽等品种，既肥且美，生产性能高，为食鸽市场所渴求，当今养鸽界莫不首推仑替鸽为最佳种用鸽。

四、蒙腾鸽

蒙腾鸽又称为蒙丹鸽，源出意大利或法国，所以在法国非常普遍，养鸽家叫它另一个名为"法国地鸽"，因为此鸽喜欢在地面上行走，不善飞翔，身型与仑替鸽不相上下。此鸽是优良的肉用鸽，年可繁殖乳鸽7～8对，育雏性能很好。现代育成的蒙腾鸽有法国蒙腾鸽、瑞士白蒙腾鸽、美国蒙腾鸽、意大利蒙腾鸽和印度蒙腾鸽等。

（1）法国蒙腾鸽　又名法国地鸽。我国的广东、上海、北京等地都饲养有该种鸽，其体型很像展览型的白王鸽，但其尾不向上翘，体重在1000克左右，产蛋、孵化、育雏性能良好，年可产乳鸽6～8对，4周龄乳鸽体重可达750克左右。

（2）美国蒙腾鸽　又称美国巨头鸽，是美国利用法国蒙腾鸽与卡奴鸽、仑替鸽和马耳他鸽等大型鸽杂交，于1940年育成。此鸽平头，后颈有一束毛翘起，体型较大，体重比仑替鸽稍小，与卡奴鸽有些相似，成年鸽体重800～900克，乳鸽体重700克左右。

（3）瑞士蒙腾鸽　此鸽由英国培育而成，比展览型白王鸽体型及体重稍大，身体较长，白色羽毛，1945年美国、瑞士蒙腾鸽协会提出标准体重，成年雄鸽840克、雌鸽784克，青年雄鸽为784克、雌鸽为728克。羽毛为白色。

（4）意大利蒙腾鸽　此鸽有两种形态，一种是平头，脚上有毛，另一种是平头，后颈有束毛翘起，但腿部无毛。这种鸽的羽毛有白色、黑色、灰色、红色和黄色等。

（5）印度蒙腾鸽　是利用印度古拉鸽与法国蒙腾鸽和卡奴鸽等杂交育成，这种鸽比美国王鸽身体稍长，而较瑞士蒙腾鸽身体稍短，其羽毛颜色有黑白花色、褐色、红色、黄色等，成年鸽的标准体重，雄鸽784～840克，雌鸽700～784克。

五、摩登娜鸽

摩登娜之名源出于意大利的摩丹纳城，摩登娜鸽早在18世纪英、法、德等国的文献中已有提及，由意大利育成，并从欧洲输入美洲亚洲各国。此鸽羽毛紧密，十分健壮，精神饱满，胸宽尾短，好似个小圆球；脚较高，面较长，眼睛锐利，无论是黑、橙、黄色的眼珠，皆光彩夺目，十分可爱。现代经改良的摩登娜鸽其羽色有红、灰、白、黑等多种颜色。

在英国流行的摩登娜鸽都被视为珍贵的玩赏种。在18世纪初期，此鸽是属于中等体型的飞翔鸽，即使近代改良的摩登娜鸽也能与飞翔的贺姆鸽争高低，并成为肉用鸽和观赏鸽。它与王鸽及蒙腾鸽的血缘很近，身型也相似，不过前者是展览及玩赏品种，而后者是肉用鸽种。

六、贺姆鸽

贺姆鸽是驰名世界的名鸽，它包括有多个品系，肉用贺姆鸽（大贺姆鸽）是美国于1920年培育的，是用食用贺姆鸽与卡奴鸽、王鸽和蒙腾鸽杂交育成的。在美国成立了肉用贺姆鸽协会，规定成年雄鸽体重700～750克，雌鸽体重650～700克，乳鸽体重600克。其体型较短，背宽胸深，呈圆形，毛色有白、灰、雨点等。繁殖力强，年可产乳鸽8～10窝。该种鸽在王鸽尚未有大量生产的情况下，是美国肉鸽市场的抢手货，乳鸽的体重也不亚于今日的王鸽，但其生产性能不如王鸽好，年产仔鸽为5～6对，故才被王鸽后来居上。肉用贺姆鸽的仔鸽生长速度较快，但一过乳鸽期体重增加的速度便明显减慢，且育雏期亲鸽的食量及乳鸽的食量都很大。

另一品系为纯种贺姆鸽，是1918年从英国输入美国，现已遍及亚洲各地，并有部分与王鸽进行杂交成为杂交王鸽。纯种贺姆鸽产仔窝数比肉用贺姆鸽多，年产仔数可达7~8对，成年体重稍次于肉用贺姆鸽，羽色有蓝条、纯灰、纯棕、纯黑等颜色。

贺姆鸽还有一个品系叫食用贺姆鸽，也有称贺姆乳鸽。在21世纪初，美国养鸽人多利用飞翔的贺姆鸽作为商品的出售，价钱比较便宜，因为当时市场上还较少有肉用乳鸽。贺姆鸽的生产性能较高，破蛋和压死仔的情况很少，产仔多，饲料消耗少，乳鸽生长速度快，肉质好，所以在市场上盛行了20多年，直至后来才被卡奴鸽、王鸽等肉用型商品鸽代替。

七、亨格利鸽

又译成匈牙利鸽，原产地为德国。它的繁殖性能较理想，羽色及姿态十分优美，含有窗燕鸽、福来天鸽和土耳其鸽的血统。其外形从头部经背、腹至尾部呈元宝状的弧形。其体态优美，头抬得很高，嘴向下巴后缩，翘尾，精神奕奕，高脚圆头，挺胸。眼睑及眼环为深红色，额、胸、翼、尾均为白色，前胸为黑色。羽毛有灰二线、红、黄、褐等多种颜色。该鸽常将颈伸直，收缩下巴，两眼炯炯有光，显得十分有趣。此鸽在奥地利非常普遍，几乎家喻户晓，现在的亨格利鸽改良种更显得坚强健壮，直立高昂。1990年该鸽传入美国，在纽约市很受欢迎，因乳鸽皮肤为金黄色，比其他白色皮肤乳鸽好看。由于其体型有点似鸡，故在美国有人称之为"鸡鸽"。

八、福来天鸽

原产于意大利福来城，是肉用鸽也是观赏鸽，与摩登娜鸽同属家鸽系统，有母鸡体型，肉厚毛丰。福来天鸽又名"三间"，因其羽毛有3种特别的颜色，而头、翼及尾均为纯色，其余为白色，羽毛色调之美，确是少见。该鸽是用匈牙利鸽和马耳他鸽育成，含有拉合尔鸽、仑替鸽及摩登娜鸽的血统。福来天鸽在18世纪已引入法、德两国，并以盛产乳鸽而闻名。它可与卡奴鸽、王鸽及肉用贺姆鸽等品种并驾齐驱。在没有美国王鸽之前，欧洲餐馆多用福来天鸽的乳鸽作食用，幼鸽肥嫩味美，今天仍占有一席之位。

福来天鸽的体型、羽色十分美丽，远看很像摩登娜鸽，光胫、腿高、头圆、尾翘、异常灵活，精力充沛，繁殖力强，育雏理想。"三间"羽色是福来天鸽的标记，有黑、红、黄、蓝和黑二线、棕二线等羽色。

九、拉合尔鸽

拉合尔鸽是亚洲著名的食用鸽，产于印度拉合尔城，1911年德国成立拉合尔鸽协会，此后，欧洲便普遍饲养此鸽。拉合尔鸽是非常理想的食用鸽，同卡奴鸽一样年产蛋可达20枚对以上，乳鸽大，肉味甘美，就巢、孵化、育雏、尤其配种都令人满意，是养鸽界的名种，古老且盛产幼鸽的名鸽。该鸽羽毛、体型美丽，眼睛大，腿毛美，可兼作观赏鸽。它有点似马丁鸽和窗燕鸽，黑白羽分明，漂亮非凡。

拉合尔鸽比王鸽及卡奴鸽的体型较小，平头，脑阔背宽，脚矮有毛，羽毛艳丽，仪态高贵大方，颈、胸以下及腿、尾毛均纯白，头顶、翼背、项背均为纯色，眼环大且黑亮，神态迷人。印度饲养的拉舍尔鸽也有黑、红、黄、褐、蓝及银灰二线或纯色等多种羽色。即使在产地印度，此鸽售价也较昂贵。

1955年美国也成立拉合尔鸽协会，进行拉合尔鸽的展览、观赏和肉用饲养等活动。

十、马耳他鸽

原产地可能是印度，由埃及经马耳他移入意大利。它含有贺姆鸽、扇尾鸽、蒙腾鸽和德国地鸽的血统。其动作高雅，性情温和，不善飞翔，繁殖力较强，属于观赏鸽种。其体型是身短，颈长，竖尾，身高，臀部大，腿肌肉发达，两脚有力，身体呈马鞍（元宝）形。羽毛颜色有白、黑、灰、红、黄、褐色等。养鸽界常利用马耳他鸽的优良体型与其他种鸽进行杂交育种。现时闻名世界的王鸽，也是利用它同其他鸽种杂交育成的。

十一、波兰山猫鸽

波兰山猫鸽是波兰摩利维亚附近的奇利牛城出产的鸽子，在德国育成，是远近驰名的食用鸽。鸽界人士谈起波兰山猫鸽无人不知，全欧洲的菜馆和养鸽人家都爱吃山猫乳鸽。它的乳鸽个大，肉味鲜嫩甘美。成年鸽多产，繁殖性能很理想，成年鸽体重可达588～644克。

该种鸽可分为蓝或黑山猫及闪金山猫两种，其特征是挺胸。德国改良金山猫鸽把头后反生的羽毛变成秃头、光胫。羽毛有灰、黑、红、黄等颜色。该鸽也有作观赏鸽。

第三节　引种要求

种鸽是用来繁殖后代，并将优良基因传递给后代，因而不同的育种目标，对种鸽的要求有所不同。作为种鸽必须身体健康，发育良好，不能带有任何遗传疾病。应具有完整的种鸽档案，即种鸽记录表。记录表中应包括鸽号、性别、外貌特征、出生日期、品种、来源、父母、祖父母的详细情况。信鸽记录表中应包括训练飞行时间、成绩以及竞赛记录等；肉鸽则应包括生产性能记录；观赏鸽应包括观赏特征的等级评分。种鸽还应具备与育种目标趋向一致的特征。

一、肉用种鸽的基本条件

饲养肉用种鸽的主要目的是生产食用乳鸽，专门供作食肉用的鸽子称为肉鸽，这种鸽出生1个月左右体重即可达到500克左右，肉质细腻而鲜美，营养丰富而全面，滋补功效特别显著，故选择种鸽时应以生产性能的指标为主，同时，其体型也应符合种鸽的要求。

从外貌特征方面要求，种鸽需体质健壮，结构匀称，发育良好，性情温驯，采食性强，额宽喙短，眼大有神，胸部宽深而向前突出，背平而宽长，龙骨平直，腹大柔软，雄鸽耻骨坚硬，雌鸽耻骨细软且宽，两脚粗壮且间距较宽，全身羽毛紧贴躯体，光洁润滑，毛色必须与品种特性相符合，没有杂毛。肉鸽的体型要求是，体型较长，但尾不垂地，体型适中，雄鸽体重650～800克，雌鸽550～700克。体型太大，生产性能相对较差，产蛋、孵化及育雏能力不理想；而体型较小时，乳鸽的生长速度较慢，上市体重达不到要求。

二、鸽场进行种鸽选择的要求

要使鸽场的选种获得最好的效果，必须根据所要选择的种鸽的性状遗传特性和环境情况，采取不同的选种方法。对肉用鸽的选种，可从个体品质鉴定、系谱鉴定和后裔鉴定三个方面进行。

1.个体品质鉴定

这种鉴定方法主要是以本品种的优良性状或育种目标为依据选择种鸽，简单易行。可以从外貌特征和生产力两部分进行鉴定。

（1）外貌特征鉴定 判断鸽的生长发育和健康状况，主要是通过肉眼的观察和手指的触摸进行。不同品种的种鸽都具有不同的外貌特征，可以根据某种鸽的外貌标准来判断。在一般情况下，优良种鸽都具有以下的外貌特征：精神良好，活动正常，羽毛紧密而存光泽，眼睛虹彩清晰且结膜闪动较快，躯体、脚及翅膀无畸形，龙骨直而不弯，背宽胸深，体较长，脚粗壮。

（2）生产力鉴定 根据乳鸽的生长发育和亲鸽的生产性能进行，乳鸽的生长发育情况以上市期即20～24日乳鸽的体重作标准。以目前乳鸽的收购要求，23～24日龄乳鸽的体重，一级乳鸽平均体重为600克以上，二级为550～600克，三级为500～550克，次级为不足500克的乳鸽。一般不足500克的乳鸽都不够收购体重，收购价格偏低，故需由亲鸽再多哺2～3天，增加亲鸽的喂料次数和喂料量，使乳鸽在2～3天内能达到收购要求。选择留种的乳鸽，起码应达到500克以上，但不能单纯追求乳鸽的体重，若单纯追求体重则可能会导致鸽群雄多雌少，雌雄比例失调，影响配对生产。鉴定亲鸽的生产性能，首先是生产周期短，产蛋窝数多，年产蛋窝数不应少于7窝，并且亲鸽的产蛋、孵化、受精、哺育能力应理想。同时，抗病能力较强，适应性好。只有生产性能好的亲代，才能使后代具较高的生产能力。

2. 系谱鉴定

系谱鉴定通常是对鸽子亲代和祖代的鉴定，这些资料通常由鸽场的技术员保存，是由鸽场的原始记录整理而得到的产鸽统计资料。凡有条件的鸽场，不论是种鸽场或肉鸽场，都应设系谱档案。通过对系谱的分析，可以直接了解每只鸽的家系遗传情况和生产特性，以供选择种鸽时参考。

生产实践证明，选择优良的种鸽需有优良的亲代，因此，应充分了解鸽的亲代和祖代的情况，仅主要考虑父母代的情况，因祖代越远，对后代的影响就越小。有些鸽场的选种选配工作做得好，使种鸽在遗传过程中生产情况能一代比一代优越，这种情况其后代留种一般就没有问题了。但若后代的经济性状一代比一代差，则该品种已出现退化，应引起注意，种鸽的选留要有所选择，留优去劣，以期逐步提高种鸽的生产性能。

3. 后裔鉴定

所谓后裔鉴定就是通过测定后代的生产性能来鉴定种鸽的优劣。这种鉴定可通过三方面的比较。

（1）后裔与亲代的比较　种鸽的后裔经配对繁殖后，如后裔生产成绩保持或超过亲代的生产成绩，则该种鸽较有培养前途，是属优良品种。但如果后代出现分离退化，生产成绩差等现象，则说明该种鸽生产不稳定，一般不适宜留作种用。

（2）后裔之间的比较　将一对生产的种鸽，在其繁殖1~5窝后拆开另换母鸽交配，然后比较两母鸽繁殖出后裔的生产性能，可以由此判断亲鸽遗传性的优劣。

（3）后裔与鸽群的比较　这是将所选种鸽后裔的生产性能与鸽

群的平均生产性能作比较，若后裔的生产性能高于鸽群的平均值，说明这对种鸽性能优良，可以留种；若明显低于鸽群的平均值，则不能留作种用。

在进行后裔品质鉴定时，由于亲鸽的遗传性状受环境条件影响较大，故在进行后裔鉴定时，应给后裔以相应的饲养管理条件，尽量减少环境条件造成的差异。同时，进行后裔鉴定时应全面考虑各项生产指标，根据种鸽的体型、体质、体重和就巢、产蛋、孵化、受精、出仔、育雏及仔鸽的生长速度、抗病能力、饲料报酬等情况，全面比较衡量，才能得出正确的结论，选出优良的种鸽。

三、种鸽繁殖性能的要求

1. 要有较高的生殖能力

野生的鸽子每对年产 3～4 窝，但经人们长期的培育，鸽子年产能力提高到 9～10 窝，生产乳鸽 12～14 只，甚至可高达 16～20 只。因此，种鸽要求有高产的性能，繁殖周期短，年产蛋 8～9 窝，孵出乳鸽 12 只以上，繁殖周期应为 30～40 天。鸽的生产性能与品种有关，并受饲养管理条件的制约，良好的鸽种，要有良好的饲养管理，才能保持高产性能。

2. 有较高的受精率

鸽蛋的受精率主要受饲养管理条件的影响，但与品种也有关。一般来说，杂交配套培育的种鸽受精率较高，而纯种繁殖尤其近亲繁殖的鸽子受精率相对较低；商品型的肉鸽受精率较高，展览型的肉鸽受精率较低，如商品型王鸽比展览型王鸽受精率高；中小型的肉鸽比大型的肉鸽受精率高。因此，选择种鸽应注意选择受精率高的鸽种。

3. 破蛋和胚胎死亡较少

繁殖率的高低与蛋的受精率、破蛋率、死精和胚胎死亡率有关，有的鸽种破蛋率和死胚率较高，人们经常发现有的产鸽将蛋产在笼底，而不是产在巢盆里，即使产在巢盆里，有的产鸽经常踩破种蛋，或者常造成胚胎死亡。在不少鸽场，平均破蛋率达 10%～15%，死胚高达 15%～20%，甚至达 30%。因此，选种时也应注意这个问题，挑选产蛋、孵化、育雏能力较强的种鸽。产蛋性能高但孵化能力低的种鸽并非高产鸽。

4.哺育幼鸽能力要强

选择种鸽也应考虑其哺育能力的高低。仔细观察生产鸽时，会发现有的种鸽对其生产的仔鸽很不关心，哺喂不认真甚至不肯哺喂乳鸽，很少看到仔鸽的嘴和鼻沾有鸽乳，乳鸽的生长缓慢、瘦弱，这是哺喂能力较差的种鸽，同样不能留作种用。因此，选择种鸽时，应观察整群产鸽的哺喂能力，对喂仔不理想的应淘汰，选择两只乳鸽生长均匀且增重快、肌肉丰满的作种鸽。

5.鸽子羽毛的颜色

生产商品鸽究竟以哪种羽色较好，在鸽界尚无统一的看法。按目前粤港乳鸽市场的需要，乳鸽皮肤的颜色以白色和浅黄色为好，倘若乳鸽皮肤呈黑色，那就不受消费者的欢迎。展览型灰王鸽的乳鸽皮肤呈黑色，作为商品乳鸽生产就不大合适。用白色王鸽配红卡奴鸽会生产黑皮肤的乳鸽。因此，选择生产商品乳鸽的种鸽应首先考虑其后代皮肤的颜色，再考虑选择何种羽色的种鸽。

6.换羽期生产不受影响

种鸽一般 8～10 月进行换羽，在这期间有些种鸽生产减少或停产。有些种鸽在每年 1～6 月可产乳鸽 8～10 只，而 7～12 月只生产 3～4 只乳鸽，换羽对其生产影响甚大。但是有些种鸽在换羽期仍能正常生产，全年的生产曲线基本平衡。例如，石岐鸽、商品型白王鸽及泰国王鸽、西德王鸽及部分香港杂交王鸽等，其生产率在换羽期无明显的下降，年可产蛋 10～12 窝，孵出乳鸽平均 12～14只，这种鸽宜留作种用。而换羽期明显减产或停产的鸽种不宜留作商品生产种鸽。

7.抗病能力强

鸽子的生产能力往往与机体的素质有关，有些鸽种生产 3 年后，生产率出现明显的下降，有些可连续生产4～5年，产量保持较平稳的曲线。生产力旺盛的鸽子，说明其体质较好，抗病能力较强。因此，只有较强的抗病能力，才能保证较高的生产性能。一些商品王鸽如泰国银王鸽、西德白王鸽等抗病能力都较强，种鸽连续生产4年都保持旺盛的势头，且在生产期间其发病率和死亡率较低，经济效益相对较高。因此，选择及培育种鸽时，抗病能力强应作为一个主要的条件。

从来源群体方面要求，鸽场防疫设施齐全，防疫措施到位，无流行疾病发生，没有传染性病源，鸽舍清洁卫生，粪便正常，采食良好，地面散落饲料少，种鸽群大小整齐，毛色一致，孵蛋或哺育乳鸽的种鸽比例高，空窝种鸽平时不得高于5%，换羽期、冬夏季节不高于20%，种鸽生产记录齐全，20～24日龄乳鸽体重接近种鸽。

第四节 育 种

一、肉鸽育种现状

肉鸽饲养业在世界范围内发展迅速，已经逐步形成独立的产业。目前肉鸽的饲养已遍及国内大多数省、市和自治区。但是，多年来国内饲养的肉鸽品种主要是从国外引进，我国自己培育的、生产性能优良的、通过国家审定的肉鸽新品种较少。我国引进的国外品种，由于引种规模有限，采用近交（兄妹、父女、母子或表兄妹等）交配繁殖，导致后代生产、生活和繁殖能力下降；我国农村家庭养鸽的饲养环境粗放，不良环境条件的影响，使原有优秀性状和生产潜力得不到充分的表现和发挥，使生产能力下降，品质变差；另外，某些种鸽遗传性不稳定，繁殖后代发生性状分离，以致大部分种鸽都出现不同程度退化，个体变小，大小不匀，毛色杂化，繁育性能明显下降，抗病力降低。因而，种鸽品种退化、繁殖性能低下是制约我国肉鸽发展的最大瓶颈。近年来，由于消费水平的提高，肉鸽消费量也与日俱增。巨大的商机促使了一些商家一方面加大生产规模，另一方面积极借助科研院所的技术力量对自身饲养的品种进行选育和改良，育出了一批生产性能较好的种鸽。

二、肉鸽育种

肉鸽的选育主要侧重于生产性能方面，即生长性能和繁殖性能。肉种鸽由于多为大规模饲养，因而现代化肉鸽生产企业中，肉鸽的育种与信鸽有很大区别。

1. 核心群选育法

选择出最好的雄、雌种鸽组成核心群，然后采用避免近亲繁殖的随机选配。核心群的个体可以按如下条件进行选择。

① 是否为纯种应该从品种特征、亲代及其后裔去综合鉴定。

② 不同鸽种有不同的体重要求，如美国王鸽的雄鸽为700～1000克，雌鸽为600～700克。

③ 孵育性能良好，生产性能高，产蛋多，受精率、乳鸽的成活率都在85%以上，年产乳鸽7～8对，21～25日龄的乳鸽体重达到600克以上。

④ 年龄一般以1～4年为宜，尽量不要超过5年，个别特别优良的例外。

2. 核心群后代的选育

经过"三选"合格者即可加入核心群。

（1）初选　在25日龄或1月龄时进行，体重在600克以上、生长发育良好和符合本品种特征的为合格。

（2）复选　6月龄时进行，是纯种又达到体重要求者即可入选。入选的鸽子进行人工配对。配对时，雄、雌鸽体重大小要相宜，尽量避免亲交，如果避免不了，近交系数也不能太大，建立几个品系，进行品种内品系间的繁育，可以很好地解决亲交的问题。

（3）最后鉴定　在产蛋孵育后半年进行。凡符合核心群要求的即可补充进核心群，不合格者可编到生产群按普通种鸽使用，或按照一般的程序妥善处理。

3．近交育种

选出全群中的优良雄、雌鸽配对，以每对为单位进行近亲繁殖，连续三四代进行全同胞和半同胞的选配。一方面，近亲交配促使群体中等位基因的纯合，从而导致在表现型上整齐一致的育种方法。另一方面，伴随近亲交配会带来后代群体的生活力减退和不良个体的出现，即"近交退化"。

在一个杂种鸽群内，要分离出有益性状，单靠选择是不行的，还要配合采用近交的育种方法，这是因为近交可改变后代群体的基因频率，即在增加纯合体数量的同时减少杂合体的比例，使种群性状趋于同质化，使遗传基础固定。同时，由于纯合使有害的隐性性状得以暴露，可以及时淘汰不良个体。所以要从一个混杂的鸽群中分离出所需要的性状，就须科学地运用近交加选择的方法。现代不少著名的家鸽品种或品系就是通过近交与选择相配合培育出来的。

4．杂交育种

杂交是指两个或多个品种之间，或同一品种不同品系间的交配。杂交促使群体各等位基因杂合性增加。杂交的遗传效应正好与近交交配相反，当双亲具有不同的等位基因时，杂交促使所有各对基因的杂合性增加。杂交一代的基因型具有最大的杂合性，因而杂交一代多数表现出杂种优势。

三、肉鸽的提纯和复壮

提纯是为使某一种系的鸽子保持一定的纯度，达到饲养培育的目的。因为，同一品种的鸽子，经过一段时间的繁育，由于隐性基因的暴露而带来体质、性能、形体的衰退，甚至死亡。为避免退化和提高鸽子的质量，重要的方法是对鸽群提纯，就是选能代表本品种主要优点的种鸽为提纯对象，繁殖出有本品种特征的后代。

鸽子的种类不同，提纯的目的也不同。如信鸽主要是保存名种，防止退化，提取它的强烈归巢性、飞行速度快和矫健的形体，肉用鸽主要是形体大、长肉快、肉质美，观赏鸽主要是提取其美丽的羽毛和奇异的形态。

1．品种退化的原因

（1）种系不纯　实践证明，良种性能的保纯是进行品种改良的基础，没有纯种，就无法进行品种改良。因为种系不纯，个体的遗传性就不稳定，容易引起性状分离，导致品种退化。

（2）定向培育　对种鸽实行定向培育，使其优良性状稳定，显露明显，是实行品种改良不可忽视的工作。比如要培育飞行进度快、耐力好、抗逆性强的信鸽新品种，可以先分别定向培育出快速种和具有在恶劣环境条件下善飞、耐力强、归巢性好的品种，然后用两个或两个以上的定向培育品种进行轮回杂交改良，才能逐步达到预期的目的。

（3）长期近亲繁殖　近亲繁殖，在短期内运用，可提高品种的纯合性，培育出优良品种。但是如果长期延续下去，"过纯"又会导致抗逆性差，繁殖力减退，引起品种退化。一般是五代以内为近亲，五代以上为远亲。

（4）种鸽连续繁殖时间过长，生理机能衰退　种鸽在繁殖期体力消耗较大，要是接连不断进行繁殖，没有恢复间隙，或是种鸽年龄过大、生理机能衰退，仍进行繁殖，都会导致后代品种退化。

（5）饲养管理差　饲养管理、环境条件，对品种的优劣有着直接影响。在恶劣环境条件下或是饲养管理差，都会影响优良性能的发挥。

2．提纯复壮的主要理论依据

主要理论依据是现代遗传学的三个遗传的基本规律：基因分离规律、基因自由组合规律、基因连锁遗传规律。

（1）基因、基因型、表现型　决定生物某一性状的遗传基础叫基因。而一个个体或某一性状的遗传基础称为基因型。表现出来的性状叫表现型。基因型是个体发育的根据，生物性状的发育首先决定于该个体是否具有形成该性状的遗传基础。但是，基因型只是具有发育的可能性，而不起决定性作用，要使这个可能性变为现实，还需要有一定的条件。也就是说，有了可能性，再加上具备了相适应的环境条件，才能发育，成为表现型。由此可见，环境改变也可以使表现型发生变化。由于环境的变化而引起的表现型改变不能遗传，只有基因型的改变而引起的表现型改变才能遗传给后代。

（2）遗传的基本规律与育种

① 分离与自由组合规律说明，两个纯种杂交后，它们第一代的性状是整齐一致的，而到了第二代，就会出现性状上形形色色的分离，所谓杂种优势在第一代表现充分。

② 一个纯的品种，一旦与异品种杂交，就会使该品种混杂，既可能提高，也可能退化。这是因为，虽经去杂去劣，但隐性基因总是被杂合体所携带，很难彻底除去。因此在良种繁育上，必须坚持去杂、去伪、去劣，才能存优、存真、保纯。

③ 进行杂交的双亲包含着许多对基因差异，而我们育种一般只要若干主要经济性状稳定就行了，不必要求绝对纯。

④ 因表现型是基因型和环境条件相互作用的结果，在选育新品种时，首先要良种良法一起上，才能发挥良种性状的作用。其次，要考虑品种对环境的适应性。最后，在引种时要经过试验，摸索总结规律，才能有一定的准确性。

3．提纯复壮的方法

提纯复壮工作主要包括选种选配和定向培育。

（1）严格选种　按照品种标准，结合"个体选""系谱选"和"后裔选"进行综合考评，以决定取舍。对于一些仅凭外观鉴定而无原始资料证明查验的个体或部分鸽群，可以采用测交的方法，以检验是否具有隐性性状的杂合体存在，然后决定留作种用或予以淘汰。

（2）合理选配　在品种或品系的群体较小时，且遗传性又不够稳定的情况下，可以适当实行近亲配对，如父配女、子配母、孙子配祖母、祖父配孙女、堂兄配堂妹、侄配姑等，这样可使后代性状稳定，保持纯种的特征特性，还极易发现不良隐性基因并加以淘汰。缺点是血缘关系过近，后代容易发生生活力减退，甚至出现畸形个体。在种鸽群体较大、一个品种内建有若干个品系的情况下，可以采用品系繁育法，错开血缘关系，防止退化，不断建立新的具有独特特点的品系。另外，在群体既小、近交系数又较高的情况下，可以采取借种搭桥的选配方法，引进外地同品种的种鸽与本群种鸽配对繁殖。这些在实践中都有一定的使用价值。

（3）加强培育　加强对种鸽的培育，做到生活环境幽静舒适，干燥清洁，通气逆光好，满足其对各种营养物质的需要，使之具有健壮的体质，杜绝各种鸽病以及猫和鼠等天敌的危害，并建立健全各种必要的观察记录与生产记录，如谱系登记建册，生长发育记录，产蛋、孵化、育雏记录等。

四、鸽的杂交

鸽子杂交育种是一种改进现有品种质量和创造新品种的育种方法。通过两个或多个遗传特征不同的个体之间的杂交，获得遗传基础更为广泛的杂种，经过继代选择和培育就能够创造新的变异类型。

1．杂交亲本选配的原则

① 杂交亲本应具有较多的优点，亲本间优缺点应能得到互补。

② 亲本中的基础品种应能适应当地的环境条件。

③ 亲本之一应具有突出的主要目标性状。

④ 亲本一般配合力要好。所谓配合力是指几个品系或品种通过杂交所能获得的杂种优势程度。

2．杂交方式

根据育种目标和基础鸽群的条件可采用不同杂交方式。

（1）配套系杂交　此法最早是在玉米近交系中使用，目前在肉鸽生产中也开始应用。由于充分利用了杂种优势，因而取得了可观的经济效益，它包括二系配套、三系配套和四系配套。

① 二系配套。指两个品种或两个品系间的杂交。它的目的是

获得生活力强和具有高产性能的杂种一代，用于商品生产，不留作种用。这种杂交方式在养鸽业中使用的比较普遍。

②三系配套。指用不同品种或品系的两个雄鸽和一个雌鸽的杂交。这种方法可以充分利用杂种一代在繁殖性状上的杂种优势，杂交配对模式如下（图3-1）：

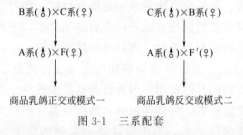

图 3-1　三系配套

在上述杂交模式中，将 B 系雄鸽与 C 系雌鸽杂交，子一代雌鸽命名为 F，其再与 A 系雄鸽杂交的模式命名为正交或模式一；C 系雄鸽与 B 系雌鸽杂交的子一代母鸽命名为 F′，其再与 A 系公鸽杂交的模式命名为反交或模式二。

③四系配套。又称双杂交或四元杂交，在肉鸽中应用较多，它以体形大、产肉性能特别优良的两个品种进行父系繁殖，用体型中等、产蛋和抱孵性良好的另两个品种进行母系繁殖，然后利用父系杂一代雄鸽与雌系杂一代的雌鸽配对作商品肉鸽的繁殖。但在全过程中，配对组合应以多次配合力测定为依据，选用最佳的杂交配对组合。只有这样，才有可能取得较三元杂交更为理想的杂种优势。配对模式如下（图3-2）。

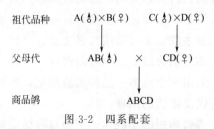

图 3-2　四系配套

（2）育种杂交　育种杂交的目的，是利用杂交动摇亲鸽遗传性后所获得的性状变异来改良与培育新鸽种以及丰富基因库。根据不同的目的，育种杂交可分为下列三种。

① 引入杂交。又名导入杂交和冲血杂交。当某一品种鸽群的大多数性状已达到育种目标，其中尚有一二个性状需要改进提高时，常有目的地、有计划地采用引入杂交方法，如经过引入杂交所得的杂交一代，能够全面达到或超过选育目标，即可用此杂交一代的雄性鸽与母本亲鸽回交，倘若回交后的子代中，上述需要改进的一二个性状确属得到改进时，便可开始横交固定。

② 改良杂交。又称级进杂交和改造杂交。改良杂交多数是在改良性能较差的鸽种时使用。因为被改良的多数属于地方品种，虽然它的某些性能较低，但却普遍具有适应性强、耐粗放饲养、繁殖力高、抗逆性强等优点，为了保持地方品种的优点，发挥资源优势，克服其某些性能较差的缺点，常使用相应性能好的外来品种作父本，被改良的品种作母本，进行配对杂交，再用杂交一代作母本与引进父本配对，这样连续进行3～5代，使后代的这些性能逐代提高，直到出现理想的鸽群为止，然后采用自群繁殖固定。使用级进杂交改良地方品种，事先必须对双亲品种的特征特性做全面的分析研究，准确地掌握遗传特性，做出明确而又周密的改良目标计划，并对各代杂种后裔进行严格的选择淘汰，及时剔除不符合改良目标的个体。特别是对一些具有遗传缺陷的个体要严格控制。

③ 育成杂交。育成杂交也是使用不同品种进行杂交培育新品种的一种方法，但使用的鸽种不限于两个品种，如美国的落地王鸽种就是使用仑替鸽、白马耳他鸽、白荷兰鸽和白贺姆鸽四品种杂交育成的多产性肉鸽品种。育成杂交根据育种计划和选育措施，既可以采用简单杂交的手段，又可采用级进杂交、改良杂交和复杂的多元杂交手段。具体步骤分以下三个阶段进行。

第1阶段，采用两个或多个品种实施杂交，动摇原有品种的遗传性，促进预定优良性状的出现。

第2阶段，选得理想的小群体，实施自群横交繁育，以稳定选育群的遗传性。对于出现的不良个体，实行高强度的选择淘汰。对于整个优秀群体，则按育种计划进行选种选配，或按不同的特性组建品系繁育群。

第 3 阶段，开展新品种鸽的扩群繁殖，组织区域性的饲养试验，并根据饲养成绩和观察获得的各性状参数，对照新品种的培育目标，以及国家对新品种规定的标准，组织并通过品种鉴定。

3．羽色杂交

根据以下规律，可定向培育出所需要羽色的鸽。

① 黑色鸽配雨点，会出现黑鸽和返祖瓦灰。

② 黑鸽配红绛色鸽，可得纯瓦灰鸽（深浅雨点）、部分黑鸽与瓦灰鸽。

③ 瓦灰配红绛色鸽，可得红轮（俗称云灰）。

④ 瓦灰配雨点，可还原瓦灰色。

⑤ 红轮（云灰）配黑鸽，可得纯灰鸽。

⑥ 雨点配红绛色鸽，可得红雨点鸽。

⑦ 红雨点配黑鸽，可得纯灰鸽。

⑧ 黑鸽配白鸽，可得黑、白、花三种鸽。

⑨ 白花鸽配其他色鸽，可分离出白鸽。

⑩ 瓦灰色是信鸽群的基础羽色，任何羽色的种鸽都会繁殖出瓦灰色的鸽来。

第四章

繁 殖 技 术

第一节　各生长期的特点

　　研究和掌握鸽子的生长特点，对加强鸽子的饲养管理、提高生产力具有实际意义。种鸽蛋经 17～18 天孵化，孵出雏鸽起，一生可分为 5 个阶段：乳鸽期、育成期、成熟期、成鸽期和衰老期。

一、乳鸽期（出壳—离巢）

　　这个时期是乳鸽逐渐适应外界环境条件的时期。初生的乳鸽身体软弱，眼睛未开，身上只有一些初生羽，自己不会行走和取食，全靠亲鸽哺喂。乳鸽体温调节机能差，抗病能力弱，活动能力差，对外界环境适应能力不强，因此这一时期必须加强保育。出壳的乳鸽消化器官尚未发育完备，消化机能还需锻炼，而且乳鸽的骨骼、肌肉、羽毛、器官均迅速生长，需要大量的营养物质。若这时失去亲鸽的哺育，采取人工喂食，则对营养的要求十分严格。

二、育成期（离巢—性成熟）

　　此期童鸽要依靠自己采食饲料，独立生活。随着采食量不断增加，消化机能逐渐增强，骨骼和肌肉急速生长，特别是消化、生殖器官迅速发育。此时要求有足够的营养物质，尤其是注意无机盐的补充。这是生长发育的重要阶段，为鸽子将来的生产性能奠定基础。

三、成熟期（性成熟—生理成熟）

　　这个时期鸽子生殖器官已完全发育成熟，但身体仍在生长发育，接近完善，是特别需要加强培育的阶段。尤其是雌鸽，一方面要注意补充产蛋需要，另一方面也要注意补充身体发育所需要的大量营养。

四、成鸽期（生理成熟—开始衰退）

此时候鸽体的各种组织器官相对稳定，生产性能也提高，应在保持鸽体健康的基础上，尽可能充分利用它们的育种价值和经济价值。

五、衰老期（开始衰退—死亡）

鸽子各种生殖机能衰退，代谢水平、饲料利用率和生产性能都剧烈下降。除少数优良鸽种外，一般无饲养价值。

第二节　繁 殖 周 期

鸽子的繁殖是鸽子生活中很重要的组成部分。一个鸽场能否繁殖出优良的品种，除了取决于鸽子本身的品种及遗传特性外，还要取决于种鸽的合理配合及繁殖方法是否正确。另外，为了保持优良的肉鸽品种，提高肉用乳鸽的体重，防止肉鸽品种退化，饲养者就必须知道有关鸽子繁殖的基本知识和技能。

一、繁殖的准备工作

繁殖是通过两羽亲鸽性细胞的结合获得小鸽的第一步，双亲的性细胞是否健全，关系到小鸽未来能否成长为健全鸽。小鸽的状态是由亲鸽的状态决定的，所以必须让种鸽在最佳状态下进行繁殖。为了减少种鸽的体能消耗，最好从秋季开始将雌雄种鸽分离饲养，不具备分离条件时，至少应当让种鸽孵抱假卵。同样，把孵化的两只小鸽中的一只交给保姆鸽喂养，也可以减轻种鸽的育雏负担，还可以使每只小鸽都得到充分哺育而茁壮成长。

为了保证种鸽的健康、孵化出强壮的雏鸽、限制繁殖的数量，在冬季把雄鸽和雌鸽隔离，不让它们交配、产卵，完全停止繁殖。在冬季可加强饲养管理，增强种鸽健康，在配对前应鉴别鸽的性别和鸽的年龄。

在繁殖前，应全面认真地检查种鸽的健康，如果种鸽患有疾病，则会影响雏鸽的生长发育。例如，当种鸽患有毛滴虫病时，种鸽用鸽乳（系鸽嗉囊腺所分泌的一种富含蛋白质的物质）来哺育初生雏鸽，就会使雏鸽、童鸽等感染上毛滴虫而造成损失，因此应及时淘汰患有严重疾病的种鸽。在配对前15天给一些抗菌素可预防鸽的传染病；用左旋咪唑驱蛔虫，群养鸽每周1次；最后一次洗浴时，在水中加入适量的敌百虫，以杀灭鸽虱、鸽蝇等寄生虫。在进鸽前应对鸽舍内外环境全面消毒。应防止留种鸽太肥或太瘦，种鸽太肥，会影响配对后的生产性能，出现雄鸽精液不良、精子少或畸形多，雌鸽产蛋少甚至不产蛋；太瘦则造成营养不良，产生营养不良性疾病，对精子卵子的形成有一定影响。

二、鸽子的繁殖季节

对鸽子来说，大部分地区均可四季繁殖。但每个季节繁殖均有其本身的特点。选择季节繁殖，对于鸽子具有十分重要的意义。

（1）春繁 春繁的幼鸽能适应风季锻炼，对提高鸽子的持久飞翔力具有明显作用。

（2）夏繁 夏季是高温季节，又是雨季，夏繁的幼鸽耐热性强。

（3）秋繁 秋季能培育出适应高翔训练的鸽子。

（4）冬繁 冬繁较春繁、夏繁、秋繁难度大，但冬繁的幼鸽对环境条件的适应性好。

三、鸽子的繁殖时间

鸽子从交配、产卵、孵蛋出仔及乳鸽的成长，这一段时期称为繁殖周期。一个周期大约45天，分为配合期、孵蛋期、育雏期3个阶段。

（1）配合期：已经成熟的鸽子，按照饲养者的目的，将雌雄配成一对，关在一个鸽笼中，使它们产生感情以至交配产蛋，这一时期为配合期。大多数鸽子都能在配合期培养出感情来，成为一对恩爱"夫妻"，共同生活，共同生产，永不分离。这阶段大约10～12天。

（2）孵蛋期：这是雌雄鸽配对成功后，两者交配并产下受精蛋，然后轮流孵化的过程，这期间大约12～18天。

（3）育雏期：自乳鸽出生至能独立生活的阶段。乳鸽出生后，雌雄鸽随之产生鸽乳，共同照料乳鸽，轮流饲喂。在这期间，鸽子又开始交配，在乳鸽2～3周龄后，又产下1窝蛋，这阶段需要20～30天。乳鸽出生至发育完善，需4个月的时间，有的早熟品种仅3个月。这时，鸽子具有成熟鸽的一切特性，会发情、交配、有繁殖能力。但刚刚接近成熟的鸽子就进行配对繁殖是不适当的，应待完全成熟，才能配对生产。

鸽子可利用的繁殖期比鸡、鸭等家禽都长，其中2～3岁是繁殖力最旺盛的时期，此时鸽的产蛋数量最多，后代的品质也较优良，适于留作种用。5岁以上的种鸽繁殖性能开始减退，但个别鸽到10岁时仍保持较好的繁殖性能。公鸽繁殖的能力较母鸽强，繁殖期也较长。一对较好的种鸽，一年可繁殖仔鸽5～9对，每间隔40～45天即产蛋一窝，每窝产蛋两个。先产一个蛋，间隔一天，再产第二个。

鸽的孵化是由雄鸽和雌鸽共同担任。一般雌鸽在15点至第二天9点孵蛋，雄鸽则在9点到15点孵蛋，当雄鸽偶尔离开抱窝时，由雌鸽替补。

雏鸽出壳后，雌鸽嗉囊在脑下垂体作用下分泌一种乳状液体，称为鸽乳，用以哺喂雏鸽。因此，在雏鸽出壳前2～3天，雌鸽特别能吃；在此期间，应给亲鸽喂些大米或糯米，以增加鸽乳。当雏鸽吃鸽乳长到1周后，可以灌喂些豆类、麦类等饲料。灌喂至30天左右，雏鸽便独立生活，20天开始学飞，49天即可上屋飞动。

鸽子从秋季开始换羽，此时处于发情低调期，大多产卵也暂时中止。如果让种鸽在换羽期间育雏，会使换羽拖延到冬季，而未能完成换羽的种鸽很难繁育出健全的小鸽。种鸽顺利完成换羽之后，在春暖花开、麻雀开始做窝的时候，我们就可以放心地让种鸽进行繁殖了。进入繁殖时期就可以把种鸽孵抱的假卵撒下，不过要把握好撒下假卵的时间，最好是在产卵后第 10 天左右。过早，雌鸽产卵的疲劳尚未完全消除，过迟，则种鸽的嗉囊里已经有乳糜积存。还有一种做法是以期待值最高的种鸽为准，把所有种鸽的产卵时间调整得十分接近，这样便于利用其他鸽子作保姆来帮助哺育一只雏鸽。

四、繁殖时的营养需要

在繁殖期间应当投喂营养丰富的豆类及小颗粒配比较高的饲料，增加蛋白质和钙的供给。种鸽产下卵并孵抱 2 周左右时，可以用软质铅笔在卵的两端记录下巢房编号，以便在雏鸽孵化后对破为两半的蛋壳内侧进行检查，就某号巢房雏鸽孵化前的发育状况做出判断。如果蛋壳内侧的血管几乎都被吸收而消失，表明雏鸽在卵内发育顺利。反之，如果蛋壳内残留着鲜红的血管或血迹，则表明雏鸽发育不良。另外，雏鸽发育不良时，残余的脐带会在腹部形成一个小黑块。

如果饲养者的时间允许，应当在巢房内单独放置小颗粒饲料容器并随时进行补充，以便为亲鸽提供更充足的养分。没有时间进行细致的管理时，明智的做法是把一只雏鸽交给保姆鸽代为哺育，这样做既可以减轻亲鸽的负担，又能够确保雏鸽茁壮成长。雏鸽孵化 7 天左右套足环的时候，要尽可能详细地记录下雏鸽的发育状况。必须注意的是，饱食后的雏鸽看起来十分壮硕，而空腹时却会显得萎缩孱弱，所以应当在雏鸽吃饱后的状态下进行检查对比。

在雏鸽戴上足环的时候，亲鸽又开始寻找新的营巢之所。如果巢房内分为上下两层，只需将雏鸽所在的巢盘移到下层，把上层打扫干净后放进新的巢盘，亲鸽很快便会在上层做巢。如果由于饲养者的疏忽没有及时提供新的巢盘，亲鸽就有可能飞到其他鸽子的巢房里争巢打斗，或者在鸽舍地面某个角落营造新巢，开通棚时甚至还可能飞到附近的建筑物上做巢。此时它们会淡忘正在哺育的雏鸽，使雏鸽因营养不足而发育失调。反之，如果在雏鸽还很小的时候就提供新的巢盘，亲鸽的注意力会过早转移到新巢而不能专心哺雏。亲鸽进入忘我的营巢状态时，雏鸽获得的哺喂往往会减少。我们应当在巢房里放置麻籽等鸽子偏爱的食物，通过加大亲鸽进食量，间接地增加雏鸽获得的营养。充足的饲料还能促使雌鸽尽快产下第二窝卵，缩短雏鸽不得饱食的时间。在一般情况下，亲鸽会在雏鸽孵化后第 16 天左右产下第二窝卵，不过产卵时间也会因营养状态及雌雄亲鸽的特点略有差异。

另外，为了不影响第二次繁殖，巢房内部的构造最好是上下两层，而不要把两个巢盘并列放置，否则即使亲鸽在新的巢盘内产下第二窝卵，仍有可能被第一窝雏鸽挤进来把卵弄脏或碰伤。如果巢房是只有一层的平板结构，应当把新的巢盘垫高 6 厘米左右以防止雏鸽进入。有的鸽友认为，孵化中的卵曾经被放凉过，会给卵内发育的雏鸽的头脑造成不良影响。不管此说是否可信，饲养者都应当处处留意，确保在繁殖的过程中万无一失。

五、繁殖时期的保健工作

对于种鸽在繁殖期发病，如水便、吃食不化、精神萎靡、翅膀下垂等，会造成小鸽子还没有出窝时出现拉水便、吃食不化、精神萎靡、发育不良变僵，最后死亡。针对这种情况，我们特别提醒应从以下几点加强管理。

① 要经常检查巢盆内有无垫草，无垫草容易使种蛋破裂，影响繁殖率。同时要注意巢盆稳定和位置固定，巢盆不稳定容易摔坏蛋或摔死幼鸽。巢盆不固定容易引起种鸽误入而发生争斗，影响繁殖。

② 防止雌鸽下软壳蛋。雌鸽下软壳蛋的主要原因大致有两个方面：一是产蛋前追扑过急，使蛋在发育过程中发生变更所引起，因此雌鸽产蛋前应尽量避免追扑捉拿；二是雌鸽本身缺乏矿物质饲料，如钙、磷等，所以在繁殖时应提前 1 个月供给雌鸽钙、磷等矿

物质，以避免下软壳蛋。

③ 实验表明，年轻种鸽、新配种鸽产的头三窝蛋，孵出的幼鸽素质、性能、体魄都比后几窝孵出的幼鸽好。因此，不能拿掉所谓"头窝蛋"。

④ 防止幼鸽变僵（发育不良或停滞）。繁殖期幼鸽变僵的主要原因：第一，种鸽繁殖期过长，长期处于疲乏、体力不足，因而对幼鸽哺育不勤，导致幼鸽发育迟缓；第二，给食没坚持定时定量，时饱时饥，再者就是缺乏饮水，影响正常哺育；第三，种鸽初次哺雏，缺乏经验，有时哺水多、哺食少而引起幼鸽发育不良，变成僵鸽。因此，在安排种鸽繁殖时要有间隙，让其有休养生息的机会，并且要注意繁殖期对种鸽的饲养管理。

⑤ 做好种鸽在繁殖期的保健工作。长期担负繁殖任务的种鸽，应及时补给强壮、营养性保健品恢复体质，或在每繁殖一窝后间隔一窝。同时，还可以进行雌雄分离处理，促进恢复体质，提高繁殖质量。

⑥ 种鸽性欲不旺盛，影响受精时，可给雄鸽赛鸽"种鸽育霸"，每天早晚各2粒。

⑦ 注意鸽舍和巢盘卫生，防止寄生虫。

⑧ 不能饲喂发霉变质的饲料，现在大多鸽粮经抛光处理，无法用肉眼观察到，所以建议每周用蒜油、蒜粉拌料喂鸽，有抑制霉菌作用；定期给鸽子饮用排毒宝，及时排除肝肾毒素。同时注意防止猫、老鼠、黄鼠狼的伤害。

⑨ 为保证孵出的小鸽子体质健康、强壮、抗病力强，一定要做好种鸽配对前调整，特别是提高抗病毒能力，才能保证种蛋品质。

⑩ 一定要加强小鸽子的免疫预防，及时做好疫苗预防。

第三节 雌雄鉴别

要养好鸽，雌雄比例必须搭配好。如雌雄比例失调，不仅会造成鸽舍不得安宁，而且会造成产蛋率低和无精蛋多。若小群饲养，有的还会因寻找配偶而走失。鉴别雌雄鸽是养鸽者必须掌握的一门基本技能。俗话说"鸽的好坏易辨，雌雄难别。"这是因为鸽子不同于其他家禽和鸟类，在外貌特征上没有明显的差别。就是一个经验丰富的养鸽行家，要他一下子识别出其他人所养鸽子的雌雄来，也不容易。要经过握摸、观察、辨别，才能识别出雌雄。

对于初学养鸽的人来讲，想准确地识别鸽子的雌雄是很困难的。但只要平时能在养鸽实践中细心认真地观察，从鸽子体形、羽毛、鸣叫、举动、性情等各方面去辨别，不断积累经验，久而久之，也能较准确地辨别出鸽子的雌雄。准确地鉴别鸽子的性别，对选种、配种和提高孵化率等都十分必要。根据养鸽者们多年积累的经验，对同一品种鸽子的性别鉴别可有如下方法。

一、鸽蛋的胚胎鉴别法

鸽蛋产下后经过四五天的孵化，用照蛋器进行观察，若是受精蛋，胚胎已开始发育，这时可以看出胚胎周围有血管分布。胚胎两侧的血管是对称蜘蛛网状时，多为雄鸽胎儿；反之，胚胎两侧的血管是不对称的网状，一边长且多，一边短且稀少的多为母鸽胎儿。用此法鉴别鸽的性别，准确性可达 80％左右图 4-1。

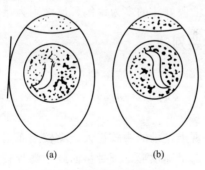

(a)　　　　　　　　(b)

图 4-1　鸽蛋的雌雄鉴别

(a) 雄性胎儿；(b) 雌性胎儿

二、乳鸽的雌雄鉴别法

（1）肛门鉴别法　在乳鸽孵出四五天后，把其肛门稍微扳开，就见到如图 4-2、4-3 所示的形状。由侧面看去，雄鸽肛门上缘覆盖下缘，稍微突出；雌鸽正好相反，下缘突出来而稍微覆盖上缘。但是 10 多天后，肛门周围的羽毛长出就不容易鉴别了。

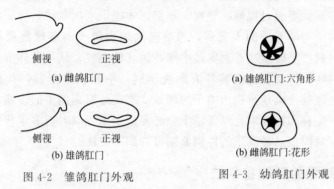

图 4-2　雏鸽肛门外观　　　　　图 4-3　幼鸽肛门外观

（2）哺喂鉴别法　在同窝乳鸽中，常常争先受亲鸽哺喂的乳鸽多为雄鸽，反之则为雌鸽。

（3）观察鉴别法　在同窝乳鸽中，雄鸽长得较快，体重较大。雌鸽生长稍慢。以手伸近乳鸽头部前面时，如反应敏感、羽毛竖起、姿势较凶且用嘴啄手或翅膀拍打者多为雄鸽。乳鸽走动时，先离开巢盆，且较活泼好斗的多为雄鸽，反之则为雌鸽。

三、童鸽雌雄鉴别法

童鸽 1～2 月龄的性别最难鉴别，通常只能由外形及肛门等部位来鉴别。4～6 月龄鸽子鉴别比较容易。童鸽的雌雄可以从以下几点进行鉴别。

（1）看　外观上，雄鸽头较粗大，嘴较大而稍短，鼻瘤大而突出，头部大而顶部呈圆拱形，颈骨粗而硬，脚骨较大而粗；雌鸽体形结构较紧凑，头部圆小，上部扁平，鼻瘤较小，嘴长而窄，颈细而软，脚骨短而细。

（2）抓　用手捉鸽时，雄鸽抵抗较强，且发出"咕咕"叫声；雌鸽较温顺，有时发出低沉的"唔唔"声。抓住鸽子颈部对向光线方向，观察眼睛，可见雄鸽的双目凝视，炯炯有神，瞬膜迅速闪动；雌鸽双眼显得较温和，瞬膜闪动较缓慢。

（3）摸　用手摸颈部，雄鸽颈骨较粗而硬，雌鸽则较细而软。以手摸腹部骨盆，雄鸽龙骨突较粗长且硬，后部与趾骨间的距离较窄，两趾骨间的距离也较窄而紧，脚骨粗而圆；雌鸽腹部两趾骨间的距离较宽，4～5厘米，且有弹性，趾骨与龙骨突下部的距离也较大，龙骨突稍短，脚胫骨细而稍扁。

（4）肛门　3～4月龄以上的鸽子，雄鸽的肛门闭合时，向外凸出，张开时呈六角形；雌鸽的肛门闭合时向内凹入，张开时则呈花形。

（5）羽毛　雄鸽的羽毛较有光泽，主翼羽尾端较尖；雌鸽的羽毛光泽度较差，主翼羽尾端较钝，雌雄鸽的区别对照表见表 4-1。

表 4-1　雌雄鸽区别对照表

项目	雄鸽	雌鸽
胚胎	血管粗而疏	血管细而密
血管	左右对称	左右不对称
同窝乳鸽	生长快，身体粗壮，争先受喂，两眼相距宽	生长较慢，身体娇细，受喂被动，两眼相距窄
身体、颈、头部	体格大而长，颈粗短，头顶隆起呈四方	体格小而短圆，颈细小，头顶平而窄

四、成鸽雌雄鉴别法

上述童鸽雌雄鉴别法都适用于成鸽，且在成鸽表现得更加突出。但是，也有几个不同之处。

一是有了明显的发情表现，雄鸽常常追逐雌鸽，绕着雌鸽打转，这时雄鸽颈部气囊膨胀，颈羽和背羽鼓起，尾羽放开如扇形，且不时拖在地面，头部频频上下点动，发出"咕咕"叫声。雌鸽则表现得较温存，慢慢走动或低头半蹲着，接受雄鸽的求爱。

二是由于雌雄鸽求爱及交配，造成雄鸽的尾羽较脏，雌鸽的背羽较脏。

三是经常见到配对鸽亲热的接吻表现，接吻时雄鸽张开嘴，雌鸽将喙伸进雄鸽的嘴里，雄鸽会似哺喂乳鸽一样做出哺喂雌鸽的动作，亲吻过后，雌鸽总是自然蹲下，接受雄鸽交配。

四是孵化时间不相同。一般情况下，雄鸽孵蛋的时间为每天9～15时，其他时间由雌鸽孵化，雌鸽负责孵化时，雄鸽总是待在巢盆附近，保护雌鸽安全和监督雌鸽孵蛋。

人为的假亲吻方法是一手持鸽，一手持鸽嘴，两手同时上下挪动（像鸽子亲吻一样）。一般说来，尾向下垂的是雄鸽，尾向上翘的是雌鸽（图4-4）。

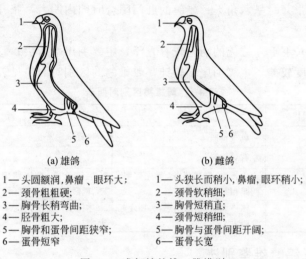

(a) 雄鸽　　　　　　　　　　　(b) 雌鸽

1—头圆额润，鼻瘤、眼环大；　　　1—头狭长而稍小，鼻瘤，眼环稍小；
2—颈骨粗粗硬；　　　　　　　　　2—颈骨软稍细；
3—胸骨长稍弯曲；　　　　　　　　3—胸骨短稍直；
4—胫骨粗大；　　　　　　　　　　4—颈骨短稍细；
5—胸骨和蛋骨间距狭窄；　　　　　5—胸骨与蛋骨间距开阔；
6—蛋骨短窄　　　　　　　　　　　6—蛋骨长宽

图 4-4　成年鸽的雄、雌辨别

五、笼养鉴别法

对很难一时辨别者，可用1只鉴别出的雄鸽同关一笼内，观察1～2天，若双方都发出"咕咕"声，颈羽松开，拼命打斗的就是雄鸽；若开始稍有打斗，以后雄鸽以嘴进攻，待鉴别的鸽子以翅膀还击，然后各站一方，相互避让，则是雌鸽。

第四节　年龄鉴定

鸽的寿命一般在20年左右，长者可达30年之久。年龄的大小，不同的鸽子没有明显的区别特征，要准确地识别出鸽的年龄，只有根据脚圈的记载才能判断。在没有脚圈记载的情况下，同一品种的鸽子通常从表 4-2 中的几方面观察，可以大概知道鸽子年龄的大小。

表 4-2　鸽子的年龄鉴别表

项目	年龄大的鸽子	年龄小的鸽子
嘴角结痂	结痂大，呈茧子	结痂小，无茧子
喙部	喙末端钝硬而圆滑	喙末端软而尖
眼裸皮皱纹	眼裸皮皱纹多	眼裸皮皱纹少
鼻瘤	鼻瘤大，粗糙无光	鼻瘤小，柔软具光泽
脚及趾甲	脚粗壮，颜色暗淡，趾甲硬钝	脚纤细，颜色鲜艳，趾甲尖而软
鳞片	脚颈上的鳞片硬而粗糙，乃至突起，鳞纹的界限明显	鳞片软而平滑，鳞纹界限不明显
脚垫	脚垫厚、坚硬、粗糙侧偏	脚垫软而滑，不侧偏

懂得识别鸽子年龄的方法，对适时配对繁殖和选育良种具有重要的意义。最佳生育龄为 2～4 岁，肉鸽一般可利用生产期 5 年，下面谈谈鸽子年龄的几种识别方法。

一、依鸽子羽毛的更换情况识别

主翼羽用来识别童鸽的月龄。鸽子的主翼羽共 10 根，在 2 月龄时，开始更换第一根，以后每 13～16 天更换 1 根，换至最后 1 根时，鸽子约 6 月龄，已是成熟的时候，可开始配对生产。鸽子副主翼羽 12 根，主要是识别成鸽的年龄。副主翼羽每年从里向外顺序更换 1 根，更换后的羽毛显得颜色稍深且干净整齐。

二、依鸽子腔上囊的大小、 有无来识别

鸽的腔上囊位于泄殖腔的上方。童鸽的腔上囊比较大，成鸽时变得较小，几年后腔上囊变得很小，或者只剩下一点痕迹。

三、依鸽喙的形状及嘴角结痂来识别

年龄越大，喙的末端越钝、越光滑。乳鸽喙的末端较尖，软而

细长；童鸽的喙较厚而硬；成年鸽喙较粗短，末端较硬而滑。成年鸽由于哺育乳鸽，嘴角出现茧子，成结痂状。年龄越大，哺仔越多，嘴角的茧子就长得越大，5年以上的产鸽嘴角两边的结痂粗如锯齿状。

四、依鸽子鼻瘤的大小及颜色来识别

乳鸽的鼻瘤红润，而童鸽浅红且有光泽，2年以上鸽的鼻瘤已有薄薄的粉白色，四五年以上鸽的鼻瘤粉白而变得较粗糙，10年以上的鸽则显得干枯粗糙，鸽的鼻瘤也随年龄的增大而稍有变大。

五、依鸽的眼睛灵活性及眼圈裸皮皱纹来识别

幼鸽的眼睛较机灵，童鸽及年轻的成鸽眼里炯炯有神，眼睛瞬膜闪动较快，年老的鸽眼神迟滞，灵活性较差。另外，青年鸽的眼圈裸皮皱纹很细，随着鸽子年龄的增大，裸皮的皱纹越来越粗厚。

六、依鸽脚的颜色和鳞纹的粗细来识别

童鸽脚的颜色鲜红，鳞纹不明显，鳞片软而平，趾甲软而尖，脚垫软而滑。2年以上的鸽脚颜色暗红，鳞纹细而明，鳞片及趾甲稍硬而弯。5年以上的鸽脚变紫红色，鳞纹显而粗，鳞片突出且粗糙，上面附着白色小鳞片，趾甲粗硬而弯曲，脚垫厚而粗硬。

七、依鸽的脚环来识别

肉鸽及观赏鸽的脚环往往只标明号码，这可根据戴脚环时登记的时间来确定。信鸽的脚环上注明出生日期，由此可知年龄。

第五节　人工授精技术

鸽子的配对有自然配对和人工配对两种。但自然配对有其本身的缺点，一是易造成近亲繁殖，二是易导致早配，三是常导致品种、毛色、体型、体重差异，不利于获得优良后代。因此人工配对

是比较理想的方法。鸽子的合理配对对养殖户来说具有特别意义。

　　肉鸽采取人工授精能增加雄鸽的配种量，充分利用有价值的种雄鸽，且能提高种蛋的受精率，并可杜绝带菌雄鸽通过自然交配而传染疾病，采用人工授精技术可以降低因喂养雄鸽消耗大量粮食，从而降低养鸽的成本，同时利用人工授精技术，提高雌鸽的产蛋量，减少无精蛋。这样在冬季就可以极大减少无精蛋的数量，在冬季肉鸽销售中，取得较好的经济效益。另外通过人工授精，用不同品种雄鸽的精子对不同品种雌鸽进行授精，从而获得新的肉鸽品种，同时还可以提高鸽子的繁育能力，减少疾病传播的机会。疾病经常会在鸽子买卖交换过程中传播。

一、雄鸽的精子及精液采集

　　精子由睾丸分泌，其过程由激素控制。精子的形成受到两种激素的刺激，分别为脑下垂体分泌的睾丸激素和 FSH（卵泡刺激素），这两种激素在精子形成的特定阶段起着作用。由于鸽子没有交配器官，它们通过肛交完成交合过程。睾丸产出的精子经由输精管进入泄殖腔。鸽子在求偶期内，其雄性激素分泌达到高峰直至产蛋期，并随着孵化回落。如果与雄鸽配对的雌鸽已产蛋，并开始孵化，此时已不能再采集精液。

　　采集精液使用按摩手法，因此需要一定的技巧。采集的精液百分比应尽可能近似于睾丸产出的精液百分比。鸽子射精的量较少，每次为 15～20 微升（大约是一滴液体的 1/3），精液采集的频率十分重要，因为这将直接影响精子的质量和数量。加快采集频率会减少每次射精样本中精子的数量，但能增强精子的质量和致育能力。对于好的捐精鸽，目前我们每周采集 2～3 次。通过经验我们得知不是所有的雄鸽都能产出高质量的精子，所以精液采集并不适用于所有雄鸽。

二、雌鸽的生殖器官

　　对于雌性禽鸟，在胚胎发育期其右侧生殖器官退化，鸽子也不例外。鸽子成年后，其体内左侧的卵巢和输卵管才能发挥功能。所以，在泄殖腔内靠左侧的阴道入口清晰可见。卵巢外观酷似一串葡萄，上面一粒粒的"果实"是卵泡。在性休眠期，卵泡较小。到了配对时期，在脑下垂体分泌的促性腺激素影响下，卵泡体积迅速增大。雄鸽求偶的行为促使雌鸽卵泡增大。卵囊内填充了脂肪和卵黄，直径增至20毫米。卵黄为胚胎提供了营养，它含有50％的水分，两倍于蛋白质（卵黄高磷蛋白和卵黄磷蛋白）的脂肪。卵黄中还含有母体的抗体，可以将针对部分疾病感染的免疫力传给幼雏。卵黄的生长可以维持8天左右，一般而言，等卵泡成熟释放后即结束。卵子聚集在输卵管，特别是在一种漏斗内（输卵管漏斗）停留时间很短，不过授精行为就在这里进行，也就是说精子从泄殖腔出发需要经历一个很长的旅程。接着，卵子进入输卵管前段，卵黄周围布满了蛋白质。在输卵管接下去一段中，两层壳膜将蛋白包裹在内。此时的蛋体十分易碎。至输卵管终段，壳膜伸展，蛋壳附着在其上面。整个过程一旦结束，蛋体会在子宫内停留数小时，随着阴道和子宫进行有力地收缩，雌鸽产下鸽蛋。

三、人工授精

为雌鸽授精就像采集精液一样需要谨慎行事。在错误的条件下进行，会导致精液从阴道内被排出，然而过深地注入也会使雌鸽受伤的风险陡增。把精液引流至阴道入口处，过20小时略多一会儿，半数精子到达授精区域（输卵管漏斗）。为了能通过子宫和阴道结合部位，精子的活性尤为重要。此外，精子的行进还受到输卵管收缩和纤毛活动的影响。活性较弱的精子，尚未达到结合部位时就已遭淘汰，这是自然的选择。实验结果显示，授精后最佳受孕时间是2～5天内。输卵管内幸存的精子能确保进入被称作"精巢"的区域。储存精子的区域有两个，一个是在输卵管漏斗底部，另一个更大的区域是在子宫和阴道的结合处。漏斗本身的膨胀产生的简单机械运动，使里面的精巢释放精子，确保雌鸽受孕。我们先假设雌鸽产下首枚鸽蛋的时间，提前3～5天给雌鸽人工授精。此外，雌鸽产下首枚鸽蛋后，立即再次授精，也取得了积极的效果。而且自然光和人为照射光都会刺激鸽子的性功能。增长光照长度比增强亮度取得的效果更好。光照刺激了鸽子的视网膜和视丘下部的感光细胞。视丘下部分泌的激素可以控制脑下垂体受激素影响的行为。所以说，繁殖行为的控制中心是视丘下部。

四、精子质量要求

用一次射精的量给 2～3 羽雌鸽授精，在首枚鸽蛋产下前 3～5 天时进行授精效果较好。一般来说具有致育性的精子在雌鸽体内会停留一段时间，不过在上述工作的条件下，会发现其致育性只能持续 7 天。所以，我们必须注入足量的高质量精子，以求达到较高的致育能力。需要注意的是，注入的精液量不可过多（10 微升以内）。此外，胚胎的死亡率也是重要因素。观察发现，如果雌鸽在人工授精后下蛋时间过于滞后，那么胚胎死亡率就会上升，这就需要略微稀释精液，使其依然保持较高浓度。况且，5%～10% 的"失败率"是完全可以接受的。

五、精液的保存

纯净的精液是无法保存的。采集的精液经一种液体稀释后，其品质可以在生物体外保留数小时。高质量的稀释液应该为精子的生存创造适宜的环境，但稀释液本身不会增强精液的致育力。此外，如果精液浓度高，稀释液可以增加使用量，使精液使用更经济。稀释液使用越少，效果越好，其使用量需根据测定的精液浓度配比。因为鸽子个体之间浓度有差异，所以还要视鸽子的年龄而定。一般而言，精液浓度随着鸽龄增大而降低。此外，同一羽鸽子每次射精，其浓度也不相同。当然，这取决于采集频率。评估精液浓度的方法之一是在显微镜下计算。

低温保存技术可以使鸽子的精液无限期地保存。因此，即使捐精鸽已过世很久，我们依然能得到其子代。将采集的精液冷冻时，需将其放置在含有低温防护剂的专用器皿内。低温防护剂在冷冻期间保护着精子，需注意的是尽管冷冻和低温防护剂会影响精子的活动性和形态，但却不会毁坏其形成受精卵的能力。冷冻的精液储存在−196℃。每次人工授精需使用2～4次射精的量以补偿冷冻造成的精液致育能力降低。冷冻的样本解冻后不可再保存，需马上使用。经验显示，只有含大量活性精子的高品质精液才有可能在冷冻后还能成功致育。

六、合理的鸽种配合方法

（1）体型　长体型配短体型，重体型配轻体型，凸胸骨配偏胸骨。

（2）鸽龄　老雌配小雄，老雄配小雌。年龄以3～5岁龄为最佳。在选配种鸽的年龄上，以雌鸽大于雄鸽为上乘，雄鸽大于雌鸽为中乘，雌雄鸽同龄为下乘。

（3）鸽眼与眼沙　沙眼配黄眼，粗沙配细沙，深黄配浅黄。在配合中，应保持眼沙有"多层次""多色素""多沙型结构"，既不能单一，也不能杂乱无章。

（4）羽色　要色泽鲜艳，稍有深浅。例如黑色配瓦灰可繁殖出浅雨点、中雨点、深雨点。深雨点配浅雨点。两浅色的相配合，其后代不及两深色的后代好。如果是观赏鸽，想得到理想的羽色，可以采用几种羽色杂交得到良好效果。

配合后的鸽如果不争斗，雄鸽屈脚低头鼓颈，一面振翅，一面发出"咕嘟、咕嘟"的叫声，雌鸽低头，围着雄鸽转，并相互理羽接吻，数次以后，就互相交尾，表明配偶成功。一般说来，雌雄鸽只有成双成对配好，并达到亲密无间的状态后才发生交配行为。雌雄鸽一旦交配，即终身不渝，不易拆散，这是鸽子繁殖上的特点。另外，肉鸽配对上笼前，应检查体重及健康状况，符合肉用标准的才选择上笼。

雌雄鸽按决定的种鸽配偶后，选定的巢房不要随便更换，以免影响种鸽的恋巢心。种鸽熟悉巢房，一般需要2～3天的时间。在大群配合时，巢房的开放应交替进行，以免引起误入与争斗。一批熟悉巢房以后，又开放另一批的巢房，待全部开放后都能自寻巢房。

第六节　人工孵化技术

目前，规模化肉鸽养殖的生产规模已从数千对发展到 10 万对以上，传统肉鸽的孵化影响和阻止了鸽产蛋性能提高。已经有不少单位采用人工孵化鸽蛋，做到全进全出，便于管理与培育，为工厂化生产开辟了新的途径。

一、人工孵化的优点

自然孵化的缺点首先是亲鸽孵化受到粪便的污染和抱窝卫生不良的影响，亲鸽连续产卵孵化严重消耗亲鸽的体能，其利用年限较短。其次种鸽产蛋周期太长，亲鸽孵化时破蛋率较高，而且鸽蛋易被粪便污染等因素，导致了种鸽的生产效率较低。

采用人工孵化代替自然孵化的方法，可避免鸽子孵化的任务，缩短了产蛋的周期加快繁殖速度。自然孵化的产蛋周期为 45～60 天，而人工孵化周期为 13～15 天，缩短种鸽产蛋周期，为了避免亲鸽压破种蛋，防止鸽粪污染等情况，减少胚胎中途死亡等不利因素，提高孵化率和出雏率，人工孵化可采用小型平面孵化机，将孵鸡蛋的蛋架改换成孵鸽蛋的蛋架。孵化温度可控制在 37.8～38.2℃，相对湿度为 55%～65%。后期湿度可高些，达70%～80%。

二、人工孵化的程序

人工孵化的基本程序为取蛋、装蛋、孵化、出雏四个步骤，其要点如下。

（1）取蛋时间应在每天上午对所有种鸽产的蛋全部取出，并做好种蛋的生产记录，以备建立档案。取蛋时轻拿轻放，尽量减少人为破坏。

（2）装入蛋盘架时，应将粪便污染的蛋清洗干净，注意蛋大的一头应朝上，也就是有气孔的地方一定要朝上面，全部装完后，用福尔马林和高锰酸钾混合熏蒸 10 分钟后，送进孵化机最上面一层进行孵化。

（3）孵化过程应照蛋 3 次。在孵化过程中为了解胚胎的发育情况，把无精蛋、死精蛋及时拿出来。因此，一般要进行 3 次照蛋。第 1 次照蛋一般在入孵后 5 天进行。主要是检查种蛋的受精情况，及时把无精蛋和死精蛋选出。正常的受精蛋可看到血管分布如蛛网状，颜色变红，蛋黄下沉。而无精蛋仍和鲜蛋一样，蛋黄悬在中央，蛋体透明。死精蛋内混浊，可见有血环、血弧、血点和间断的血线。

第 2 次照蛋一般在孵后 11 天进行。发育良好的胚胎变大，血管粗大而布满蛋内，蛋的小头血管已经合拢，气室大而边界分明。而死胎蛋内显出黑影，周围血管模糊或无血管，蛋内混浊，颜色发黄（此次验蛋不重要，如果工作忙可以不照）。

第 3 次照蛋一般在 18～19 天进行。此时发育良好的胚胎更大，胚胎充满蛋内，但仍能见到血管，胚胎颈部突入气室，气室边缘呈波浪状。而死胎则血管模糊不清，靠近气室部分发黄，与气室界限不太明显。

（4）出雏时应注意出壳困难的必须采取人工辅助出壳，数量多时，也可采用温水喷洒的方法，但水温应在 37.5℃左右。

人工孵化首先需要有一定规模的种鸽群，才能保证每天有一定的种蛋量；其次需配备孵化机、出雏机、保温箱及育雏设施。鸽蛋的人工孵化技术与孵鸡孵鸭形式相同，只是孵化的温度有一定的要求，比正常孵鸡的温度高 0.5℃。

三、建场要求

1．场址选择及建筑要求

① 孵化场应远离交通干线（500 米以上）、居民点（不少于1000 米）、养禽场（1000 米以上）和粉尘较大的工矿区等，为一独

立的隔离场所。

② 孵化场的工艺流程。必须严格遵循"种蛋→种蛋消毒→种蛋储存→种蛋处置（分级、码盘等）→孵化→移盘→出雏→雏鸽处置（分级、鉴别、预防接种等）→雏鸽存放→雏鸽"的单向流程原则，不得逆转。

③ 孵化场的建筑要求。墙壁、地面和天花板应选用防火、防潮和便于冲洗、消毒的材料；孵化器安装位置应不影响整体布局及操作，门应有利于种蛋等的输送。孵化室与出雏室之间设缓冲间，既便于孵化操作又便于卫生防疫。

④ 孵化场的通风换气系统。以各单元单独通风为佳，至少孵化室与出雏室应各有一套单独通风系统。

2．设备

孵化机主要分为箱式和巷道式两种。容量为几千至 1 万多枚的箱式立体孵化器。按出雏方式分为下出雏、旁出雏、孵化出雏两用和单出雏等类型。

巷道式孵化器孵化量大，尤其适于孵化商品肉鸽雏。采用分批入孵、分批出雏。入孵器和出雏器分别置于孵化室和出雏室。

其他设备包括水处理设备、运输设备、冲洗设备、发电设备、雌雄鉴别设备等。

四、种蛋的孵前处理

1．种蛋的选择

6 月龄后鸽子已成熟配对，数周后即可产蛋。来自高产、健康、杂交代鸽蛋，初开产与 2 年鸽所产的种蛋质量最好，受精率较有保证。留种用的鸽蛋最好自 28 周龄左右鸽产的蛋为佳。种蛋应选壳纹表面光洁、新鲜色泽、大小均匀、呈椭圆形乳白色、无污斑的清洁蛋，蛋重 20～22 克。砂壳蛋、双黄蛋、畸形蛋、过小与过大的蛋均不适宜留种用，软壳蛋、薄壳蛋更不能作种用。双黄蛋除了死精、死胎多外，出壳后不可能完整地分离出 2 个乳鸽来，因此成活的可能性极微。受污染蛋极易受细菌的侵入，中、后期容易死亡，浸药液清洗消毒后才可使用。

2．种蛋的保存

储蛋室要求温度为 18～20℃，相对湿度 75％左右，胚胎发育的临界温度为 23.9℃，鸽蛋白的冰点为 0.5℃，在 18.3℃时胚胎发育完全静止。鸽是晚成鸟类，鸽蛋胚胎能在发育过程中经受数次环境温度的变化，胚胎经受温度变化时间越长，变化温度越大，使胚胎越弱，孵化出雏率所受影响也越大。储蛋库温度低于 0℃，胚胎容易冻死，高于 24℃就自行发育，尤其是 30℃以上高温，只要数小时即可造成大批死精蛋（自行发育后，受低温影响停止发育）。湿度太高易发霉，细菌繁殖加快，危害胚胎，造成臭蛋增多；湿度太低，水分蒸发快，气室增大，蛋失重，影响出雏率。

种蛋库要求保温性能好，空气不能太流畅，温、湿度变化不能太大，阳光不能直射，有防鼠、防蚊蝇条件，无特殊异味，有条件应备恒温恒湿空调机，保证一年四季温、湿度符合种蛋需求。

种蛋保存时间以 5 天之内最合适，1 周以外就有影响。种蛋存放时间长，要每天翻 1 次蛋，以免卵黄和壳膜粘连。种鸽蛋保存时间与雏鸽出壳时间有负相关性，与出壳质量成正相关。新鲜种蛋与成熟的新雌鸽产的蛋，出壳时间较一致，雏鸽健康，出壳率高，成活率高；而陈蛋和老雌鸽产的蛋出壳迟缓，弱雏多，出壳率低，成活率亦低。种蛋存活时间过长，在 7 天后出壳率明显低，11 天后出壳率达不到 50％，15 天后则更低。

3．种蛋的消毒

产蛋时，种蛋经过泄殖腔排出体外，并在笼架上逗留时已受细菌污染。新产下的蛋表面细菌不多，经数 10 分钟可繁殖到数百个细菌。细菌繁殖速度取决于温、湿度，消毒越早，效果越佳。

种蛋消毒方法如下。

（1）熏蒸法　每立方米用 40％福尔马林 12.5 毫升与高锰酸钾 25 克混合熏蒸 20 分钟，剂量还可加大。但此方法对人体有害，正逐步更换。

（2）水浸法　0.1%新洁尔灭水溶液将鸽蛋浸入，立即杀死蛋壳表面的细菌，蛋浸入冷药液中，壳膜遇冷会收缩，消毒溶液会从气孔渗透而入，能杀死蛋内部分细菌。

（3）喷雾法　消毒灵是白色易溶于水、速效、安全的消毒剂。喷雾消毒浓度为 500 倍稀释液。百毒杀以 300 倍稀释液喷雾消毒。

（4）臭氧灯　40 瓦功率，可用于 20 立方米空间消毒。照射孵化机、种蛋 120 分钟，消毒效果良好，消除率达 87.5% 以上，耗电仅 0.08 度。

若种蛋来自高温鸽舍，温度高于 30℃ 以上，则一边消毒、一边进行预冷，待鸽蛋温度与蛋库温度相近时才能进冷库保存，否则热蛋突然入冷库，会导致蛋壳表面凝聚湿气（俗称出汗）。同样，种蛋从蛋库内取出后也必须有个逐渐升温的过程，以免蛋壳出汗破坏壳上膜的保护作用。

五、孵化技术

一般可采用恒温孵化制，即分批入孵（每批孵化数量以同一时间段内同一群种鸽产蛋总量的 1/3）的囊括多个胚胎发育阶段的孵化法。其独有的空气搅拌系统可充分利用后期胚蛋的代谢热，从而大大降低能耗。它适用于中、小型种鸽场。

孵化期间每隔 1～2 小时翻蛋 1 次，平面孵化机为每 3～4 小时翻蛋 1 次。每批鸽蛋经室温预热 2～4 小时后应于 16 时入孵，次日作为孵化期的第 1 天计算。如当日 10 时入孵，则当天即为入孵第 1 天计。直至孵化至 16 天下午即将孵化盘内的鸽蛋落盘至出雏盘，移至出雏机内继续孵化出雏，落盘后即停止翻蛋，鸽蛋应一律平放。系谱孵化时须将蛋号登记卡放入出雏笼或尼龙网袋内，出雏后带上脚环号，做好记录。

1．孵化条件

肉鸽种蛋人工孵化的关键是掌握好温度、湿度、翻蛋等条件，创造出能满足胚胎生长发育的良好环境，以提高孵化成绩。

（1）温度　最适孵化温度是 37.8℃。出雏期间为 37～37.5℃。人工孵化给温通常有两种方法：变温孵化与恒温孵化。变温孵化亦称阶段降温法，其施温方案见表 4-3。恒温孵化法施温方案为 1～19 天，37.8℃；20～21 天，37～37.5℃。在一般情况下，孵化室温度保持在 22～26℃。

表 4-3　变温孵化施温方案

胚龄/天	1～6	7～12	13～18	19～21
室温 15～20℃时/℃	38.5	38.2	37.8	37.5
室温 22～28℃时/℃	38.0	37.8	37.6	36.9

（2）相对湿度　最适相对湿度是入孵器 50%～60%，出雏器 65%～75%，孵化室、出雏室 75%。此外，目前研究证明，不加水孵化也能获得正常的孵化效果。

（3）通风换气　孵化一般要求氧气含量不低于 20%，二氧化碳含量不能超过 1%。此外，还应通过排风设备保持室内空气新鲜。

（4）转蛋　一般每天转蛋 6～8 次，第 1、第 2 周尤为重要。一般到第 18 天停止转蛋并移盘。转蛋角度以水平位置前俯后仰各 45°为宜。

2. 孵化前的准备

制订孵化计划，孵前 1 周准备孵化用品，包括照蛋灯、温度计、消毒药品、防疫注射器材、记录表格和易损电器元件、电动机等；认真校正、检验孵化器的性能，试运转 1～2 天；入孵前，将种蛋置不低于 22～25℃环境中预热 4～9 小时或 12～18 小时。

3. 孵化时的操作技术

（1）温度的调节　孵化温度是指孵化给温，生产上大多以"门表"所示温度为准。一般不必调整，但孵化前期要注意保温，孵化后期要注意散热。若正常情况下机温偏低或偏高 0.5～1℃，应及时予以调整，并密切注意温度变化情况，每 2 小时记录 1 次温度。

（2）湿度的调节　孵化期相对湿度为 60%～70%。有的建议肉鸽出雏时的相对湿度要达到80%。一般来说，孵化前后期湿度要高，中期要低。这样有利于胚胎的物质代谢、气体代谢和水分的吸收、蒸发；也有利于蛋受热均匀及出雏期胚胎的破壳。每2小时记录1次相对湿度。可通过控制水温和调整水位来调节相对湿度。

（3）通风换气的调节　孵化期前5天可以关闭进出气孔，以后逐渐打开至适当位置。可用氧气和二氧化碳测定仪器实际测量，也可在控温系统正常情况下，根据给温时间长短判定。通风换气过度，调小进出气孔；通风换气不足，调大进出气孔。

（4）翻蛋　翻蛋的作用是防止胚胎与壳膜粘连；调节蛋的温度使胚胎受热均匀，有助于胚胎运动，保持胎位正常，有利于养分的吸收。一般在入孵当天翻蛋2次，以后每天每1~2小时转蛋1次，转动角度为前后各45度。一直到出壳前2天停止翻蛋。

（5）照蛋　应尽量缩短照蛋时间和提高室温，并将小头朝上的胚倒过来。在孵化后5~6天、11天分别照蛋1次，检出无精蛋、弱胚和死胚等，并观察胚胎发育情况，以便及时检查发现孵化不良的现象，查明原因，采取改进措施。

（6）移盘　孵至18天时，将胚从孵化盘移到出雏盘，称移盘或落盘。出雏期间，用纸遮住观察窗，保持出雏器黑暗，保证出壳雏鸽的安静。

（7）捡雏　将羽毛已干的雏鸡每4小时左右捡出1次；或出雏30%~40%、60%~70%时捡第1、第2次，最后再捡1次并"扫盘"。"叠层出雏盘出雏法"是捡雏之前仅捡去空蛋壳，待出雏75%~80%时捡第1次雏，然后将未出的胚集中至上层出雏。最后，再捡1次雏并扫盘。

（8）人工助产　孵化到第16天，将蛋转到出雏机，在出雏机内孵化1~2天就要破壳出雏，出雏前后时间最好在24小时左右，过晚或过早出的雏都不健壮。出雏后期，轻轻剥离蛋膜已枯黄胚的粘连处，拉出头、颈、翅，令其自行出壳。出雏完毕后，出雏机应洗刷并进行消毒，以备下次出雏时使用。

（9）孵化记录　每次孵化应将入孵日期、蛋数、种蛋来源、历次照蛋情况、入孵批次、孵化结果、孵化期内的温度变化等记录下来，供分析孵化成绩时参考。记录表格可以自行设计。

采用人工孵化以后，产孵不负担哺育乳鸽的任务，需进行人工养育。

4．孵化效果的检查

（1）受精率

$$受精率＝（受精蛋数／入孵蛋数）\times100\%$$

受精蛋数包括死精蛋和活胚蛋，受精率一般应达92%以上。

（2）早期死胚率

$$早期死胚率＝（死胚数／受精蛋数）\times100\%$$

通常统计头照（5胚龄）时的死胚数，正常水平为1%～2.5%。

（3）受精蛋孵化率

$$受精蛋孵化率＝（出壳的全部雏鸽数／受精蛋数）\times100\%$$

出壳雏鸽数包括健雏、弱、残和死雏。高水平达92%以上。此项是衡量孵化效果的主要指标。

（4）入孵蛋孵化率

$$入孵蛋孵化率＝（出壳的全部雏鸽数／入孵蛋数）\times100\%$$

高水平达到87%以上，该项反映种鸽繁殖场及孵化场的综合水平。

（5）健雏率

$$健雏率＝（健雏数／出壳的全部雏鸽数）\times100\%$$

高水平应98%以上，孵化场多以售出雏鸽视为健雏。

（6）死胎率

$$死胎率＝（死胎蛋数／受精蛋数）\times100\%$$

死胎蛋一般指出雏结束后扫盘时的未出壳的种蛋。

除上述几项指标外，还可以统计受精蛋健雏孵化率、入孵蛋健雏孵化率。

5. 孵化过程中容易出现的问题及原因（表4-4）。

表4-4　孵化过程中容易出现的问题及原因

问题	原因及对策
无精蛋太多	雌雄比例不合适，种雄鸽营养不良或种蛋储存不当
出现血管环及胚胎在前期（1～6天）死亡	种蛋储存温、湿度不当、储存太久，种蛋运输不当、造成裂纹蛋、系带断裂等，孵化温度不当，种蛋熏蒸消毒过甚或程序不当，种蛋营养失调、母源性种蛋污染
胚胎在孵化中期死亡（7～12天）	种蛋储存温度高、孵化温度不当、母源性或蛋壳携带的病原感染胚胎、种蛋营养失调、维生素缺乏、孵化机通风不良、未翻蛋或翻蛋不当、停电时间过长
胚胎在孵化后期（13～18天）死亡	种蛋的营养水平低、温度过低或一段时间温度过高、湿度过高、通风不良、小头向上
幼雏未啄壳在第8～21天死亡	孵化机湿度过低、出雏机温度过高、孵化后期通风不良、温度偏高、胚胎感染
出雏早、幼雏脐部带血	孵化温度偏高、湿度低
出雏迟	孵化温、湿度偏低，种蛋储存过久，孵化室内温度变化不定
雏鸡体小	入孵种蛋小、孵化机内温度太低
雏鸡呼吸困难	出雏机内残留大量熏蒸剂或熏蒸时间不当、出雏机内温度太高、感染了传染病
啄壳中途停止、部分死亡	种蛋大头向下、翻转不当
雏鸡体重不整齐	入孵种蛋大小不一、孵化机内部热度不均匀
幼雏沾黏蛋白	温度偏低、湿度太高、通风不良
雏鸡与壳膜粘连	孵化机、出孵机湿度太低
雏鸡脐带收缩不良、充血	湿度过高、湿度变化过剧、胚胎受感染
雏鸡腹大、柔软、脐部收缩不良	温度偏低、通风不良、湿度太高
胚胎及雏鸡畸形	孵化早期（1～5天）温度过高、种蛋缺乏维生素
孵化过程中出现臭蛋及臭蛋爆裂	裂蛋蛋壳污秽、孵化用具清洗消毒不彻底

第五章
营养需要及饲料配制

第一节　鸽的营养需要

要想养好鸽子，保持鸽子良好健康的身体和繁殖力，首先要熟悉和掌握鸽子的营养需要，其次是把好饲料的质量关，科学地调配饲料。鸽的活动量大、体温高、生长快、新陈代谢旺盛。所以，比其他畜禽需要较多的营养物质，尤其是水、能量、蛋白质、矿物质、维生素等。

鸽子所需的能量一部分是用来维持需要，另一部分则用于生产。维持需要的能量和鸽的品种、体重、饲养方式和环境温度均有关系。特别是家庭笼养的肉鸽必须按其营养需要提供足量的饲料，使肉鸽得以正常发育，并充分发挥其生产潜力。

鸽子在自由采食时能够自我调节采食量。一只成年鸽每天大约摄取 669 千焦的代谢能，因此在饲养过程中保持能量水平与其他营养物质的合理比例，是避免能量不足或过剩的关键。鸽子所需的主要营养成分有下列几种。

一、水

水是鸽子体内生理过程的基本介质，也是鸽子不可缺少的组成部分之一。水是各种营养物质在鸽子体内消化、吸收、输送，以及鸽子体内代谢产物排出体外等一系列生理活动均不可缺少的重要溶剂，是各种生化反应的参与者。鸽子体内所有的分解和合成过程大都与加水和去水有关。水对鸽子体温的调节，对鸽子细胞正常形态的保持等均有重要作用。

乳鸽和蛋的含水量约 70%，成年鸽含水约 60%，老年鸽约 50%。鸽子如果饮水不足，就会表现出组织和器官缺水、食欲和消化机能减弱、代谢产物的排泄受阻、体脂肪和体蛋白分解加强、血液浓稠、体温升高、循环系统和分泌系统的作用失常、生长发育迟缓或停滞、产奶量或产蛋量降低、饲料报酬低下等。严重者因失水而组织内积累过多有毒代谢产物导致中毒死亡。总的说来，鸽子如果体脂肪和体蛋白消耗一半以上尚能生存，但如失掉 20% 的水分就会危及生命。由此可见，鸽子缺水比缺食物更难维持生命。当然，如水分过多，肾脏排不出去，也会引起水毒症（如呕吐、痉挛、水血、细胞膨胀、机能障碍），甚至死亡。不过在自然饮水的情况下，是不会发生水中毒的。

鸽子体内水分的来源有三种，一是饮水，二是饲料中所含的水分，三是代谢水。饮水是鸽子所需用水分的最主要和最重要的来源，所以必须及时充分供给水质优良（新鲜、干净、卫生、无有害矿物质和致病原）的饮水，以维持鸽子的正常生理活动，保证鸽子的健康，发挥鸽子的生产潜力，并且绝对要避免鸽子因口渴而被迫饮用脏水或洗澡水。

鸽子对水的需求量因季节、气候、品种、年龄、饲料种类、生理状况等不同而异。鸽子的饮水量一般每只每天 30～70 毫升。饮水量随环境气候条件及机体状态而变化，夏季及哺乳期饮水量相应增加，笼养式肉鸽比平养式肉鸽饮水量多。气温对饮水影响最大，0～22℃饮水量变化不大。0℃以下饮水量减少，超过 22℃饮水量增加，35℃是 22℃时饮水量的 1.5 倍。

饲料所含的水分也是鸽子水的来源之一。但是，鸽子吃的主要是谷豆籽实，含水量高的籽实很容易变质败坏，而新收获不久的会有害鸽子健康；如果把水分以谷豆的代价购进，在经济上显然是个很大的损失。所以，养鸽者绝不能依靠饲料中的水分作为鸽子所需水的来源，应该购买含水量在

12%～14%之间的谷豆籽实。

二、能量

能量是鸽子最基本的营养物质。鸽子的一切生理活动过程，包括运动、呼吸、循环、神经活动、繁殖、吸收、排泄、体温调节等都离不开能量的供应。能量的主要来源是碳水化合物，其次是脂肪和蛋白质。碳水化合物在鸽子的生命活动中占有十分重要的地位，能量的70%～80%来自于它。碳水化合物除作为能量以外，多余的被转化成脂肪而沉积在体内作为储备能量，或者用于产蛋。

碳水化合物主要包括淀粉、糖类和纤维。饲料成分中淀粉作为鸽子的热能来源，其价格最为便宜。因此，在鸽子的日粮中必须要喂给富含淀粉的饲料，如玉米、小麦等。纤维素主要存在于谷豆类籽实的皮壳中。日粮中适量的纤维素可促进鸽的肠蠕动，有利于其他营养物质的消化吸收。但是日粮中的纤维素含量不能过高，因为鸽子对纤维素的消化能力低，如果纤维素含量过高，可利用的能量就下降，不能保证鸽子的生长发育和生产的需要。当日粮中能量供应不足时，鸽子就会利用饲料中的蛋白质和脂肪分解产生热能，甚至动用体脂肪和体蛋白产生热能来满足生理活动的需要，这在经济上无疑是一种浪费，对鸽体的生长发育也会造成不良影响。但是，如果日粮中碳水化合物过多，会使鸽体内脂肪大量沉积而导致体躯过肥，影响其繁殖性能，同时也造成了饲料资源的浪费，这对生产效益也是不利的。

鸽体对能量营养的需要随着鸽的品种、年龄、饲养方式、用途和季节环境的不同而变化，鸽子总是按其需要摄取一定的能量。采用不同能量水平的日粮，就会使鸽子的采食量发生变化。因此，日粮中能量与其他营养物质的正常比例是要确定适宜的能量，然后在此基础上确定蛋白质及其他营养物质的需要，即要确定能量含量与其他营养物质的合理比例。通常，种鸽、体型较小的鸽、笼养的鸽在炎热季节的日粮供应中能量宜低些，反之则应高些。

三、蛋白质

蛋白质是生命的重要物质基础，是鸽体各种组织器官和鸽蛋的重要组成成分，鸽体的肌肉、内脏、皮肤、血液、羽毛、体液、神经、激素、抗体等均是以蛋白质为主要原料构成的。鸽子在新陈代谢、繁殖后代的过程中都需要大量蛋白质来满足细胞组织的更新、修补的要求。因此，要使鸽子生长发育好，生产性能高，必须在日粮中提供足够数量和良好质量的蛋白质。

蛋白质由各种氨基酸构成。饲料日粮中如提供的蛋白质比较适宜时，鸽子生长、发育、产蛋、孵育后代等生命活动就能正常进行，同时经济上也比较合算。蛋白质过量时，会造成浪费，同时还会引起代谢疾病而不利于鸽子的生长发育。但是，日粮中蛋白质和氨基酸供应不足时，鸽子生长缓慢，食欲减退，羽毛生长不良，贫血，性成熟晚，产蛋率和蛋重均下降。因此，蛋白质对鸽体的生命活动十分重要。

一般说，单靠一种饲料是难以提供所有必需氨基酸的。所以，最好是几种饲料配合起来喂鸽子。例如，豆饼含赖氨酸多而色氨酸少，用添加有足量豆饼的日粮喂雏鸽，雏鸽的相对生长为84％；芝麻饼含蛋氨酸多而赖氨酸少，用添加有足量芝麻饼的日粮喂雏鸽，雏鸽的相对生长为21％；若以添加有豆饼和芝麻饼各半的日粮喂雏鸽，雏鸽的相对生长就可以升为100％。

为了满足鸽子对蛋白质和氨基酸在数量上和质量上的要求，在养鸽实践中，养鸽者一般采用2～4种谷类籽实配以1～2种豆类籽实以组成鸽子日粮，豆类籽实若在日粮中的比例占20％～30％，其效果常很令人满意。

豆类籽实，如豌豆、大豆、蚕豆、绿豆等，与玉米、小麦、高粱等谷类籽实相比，蛋白质含量往往要高出2～3倍，所以是鸽子很好的蛋白质来源，但因为其价格为谷类籽实的2～3倍，故应把它们在日粮中的用量控制在最低限度。

四、矿物质

鸽体内由矿物质组成的无机盐种类很多，主要有钙、磷、钾、铁、铜、硫、锰、锌、碘、镁、硒等元素。在实际饲养中易缺乏的是钙、磷、钠、氯4种。骨粉是钙、磷的较好来源。食盐是钠、氯的最好来源。

矿物质与碳水化合物、脂肪、蛋白质的代谢有密切关系，是生命活动过程中不可缺少的营养物质。日粮中矿物质含量不足或缺乏时，即使其他营养物质都很充足，畜禽的生长、发育、繁殖、健康、抗病力等也会大大下降，严重时甚至死亡。

鸽子与其他畜禽相比，矿物质需要量要多很多。所以，尽管谷豆籽实中含钙、磷、钠、镁、铁、硫、氯、硅等许多种矿物元素，仍有必要给鸽子专门提供矿物质合剂（俗称保健砂）。否则日子稍久，鸽子就会活动迟钝，健康不良，繁殖下降，尤其是舍饲的肉鸽。

在实际饲养中，如蛋白质、碳水化合物、维生素等营养物质在数量上和质量上都是符合要求的，而鸽子却出现精神不振、食欲减退、骨骼松脆、骨骼变形、脚软无力、繁殖下降、生长迟缓、发育不良、贫血、异嗜以及蛋壳不正常等某一种或某几种症状，就要怀疑是否是由于矿物质营养不足或不全所造成，在病因确定之前，只要是未曾补充矿物质的，应首先供给保健砂，同时再仔细寻找真正原因。

（1）钙　是构成骨骼和蛋壳的主要成分，钙的主要功能是促进骨骼、羽毛生长和提高生产率，调节神经、肌肉的正常活动，维持体内的酸碱平衡。缺钙会引起血钙降低，雏鸽发育不良，出现佝偻病、病雏瘫痪、胸骨变形；种鸽蛋壳变薄或产软壳蛋或无壳蛋，产蛋量下降，易骨折，甚至出现瘫痪。钙过量时，饲料转化率降低，产生"痛风症"，影响生长和产"钢"蛋。适宜的钙、磷比例和充分满足维生素D需要，可增进钙的吸收；一般生长鸽日粮钙磷比例为2.2∶1；生产鸽为（5.0～6.5）∶1。如果盲目补钙或磷，都会导致营养代谢病。

（2）磷　是构成鸽体骨骼的主要成分，磷能调节肌肉活动，在新陈代谢过程中参与多种酶的活动，在碳水化合物和脂肪代谢以及维持机体的酸碱平衡方面也起重要作用。磷缺乏时，鸽子会食欲不振，生长缓慢，并影响钙的吸收，并出现软骨、弯腿、关节僵硬、蛋壳质量下降、笼养鸽疲劳症等症状。鸽子对无机磷的利用率很高，日粮中应补充磷酸氢钙、干骨粉等作为磷源为宜。

（3）钠和氯　参与调节机体内渗透压的酸碱平衡，维持肌肉和神经兴奋性及调节体液容量；组成消化液，增加饲料适口性，增进消化和氮的利用。钠和氯缺乏时，鸽子表现为生长缓慢，消化不良，食欲减退，体重减轻，产蛋率下降，容易出现啄癖。食盐过多，轻者饮水量增加，便稀；重者可造成中毒死亡。

（4）镁　约有 70% 的镁存在于骨骼中，镁有促进骨骼生长的作用。在鸽子体内参与酶的活动和碳水化合物、蛋白质的代谢。日粮中镁缺乏时，鸽子神经过敏，易惊厥，出现神经性震颤，呼吸困难。生产鸽则表现为产蛋率下降。

（5）钾　在细胞内形成缓冲系统，维持酸碱平衡、调节神经和肌肉的正常活动。钾缺乏时，肌肉的弹性和收缩能力降低，表现为肌肉、四肢无力，肠道膨胀。在热应激条件严重时，易发生低钾血症。

（6）硫　主要以有机形式存在于含硫氨基酸（蛋氨酸、胱氨酸和半胱氨酸）、含硫维生素（维生素 B_1 和生物素）及激素（胰岛素）中。羽毛中含有大量的硫，其功能也通过上述各种物质表现出来。缺硫时表现为食欲降低，体弱脱毛，多泪、啄毛，产蛋减少，蛋重下降。机体内的硫来源于饲料蛋白，蛋白质缺乏时，常出现缺硫现象。用无机硫作添加剂，用量超过 0.3% 时，可产生毒性反应，厌食、腹泻、抑郁，甚至出现死亡。

五、维生素

维生素的功用主要是控制和调节机体的新陈代谢。鸽子对维生素的需要量极少，但如缺乏，鸽子就会生长发育不良，生产性能下降，抗病力减弱，严重者甚至死亡。维生素的种类很多。目前认为，鸽子营养中必需的维生素大约有 10 多种，其中脂溶性的有维生素 A、维生素 D_3、维生素 E、维生素 K 四种，水溶性的有泛酸、烟酸、吡哆酸、胆碱、叶酸、生物素以及维生素 B_1、维生素 B_2、维生素 B_{12}。有很多种维生素不能在鸽体内合成，有几种虽然能合成但不能满足需要，所以这些维生素必须通过饲料或添加剂给予补充。尽管鸽子常用的天然饲料中或多或少地含有好几种维生素，但大都种类不全和数量不足而不能满足鸽子迅速生长发育的需要，故除了注意选用富含维生素的天然饲料外，对肉鸽还尤需另外补充维生素 A、维生素 B_1、维生素 B_{12}、维生素 D、维生素 E 等。因为肉鸽生长迅速，多采用舍饲或笼养，阳光（维生素 D 的重要来源）和青绿饲料（维生素 A、维生素 E 等的重要来源）不易充分满足，故必须补充下列各种维生素制剂。比较简单的方法是添加在保健砂中，但有些则应和保健砂分开。

（1）维生素 A　与鸽子的生长、繁殖有着密切的关系，能加强上皮组织的形成，维持上皮细胞和神经细胞的正常功能，保护视力正常，增强机体抵抗力，促进鸽的生长、繁殖。维生素 A 缺乏时，雏鸽、幼鸽会出现眼炎、结膜炎，甚至失明；生长发育缓慢，体弱，羽毛蓬乱，共济失调，严重时造成死亡。维生素 A 在鱼肝油中含量丰富，青绿饲料、黄玉米等植物中含有胡萝卜素，它可以在体内合成维生素 A。因此，在饲喂时要考虑青绿饲料的供给，同时适当补喂鱼肝油，保证维生素 A 的充足。

（2）维生素 D　鸽体内参与骨骼、蛋壳的形成和钙、磷代谢，促进鸽体内消化系统对钙、磷的吸收，幼鸽和产蛋鸽易造成缺乏。缺乏时幼鸽生长发育不良，羽毛松散，喙、爪变软、弯曲，胸部凹陷，腿部变形，雌鸽则引起产软壳蛋、薄壳蛋，蛋重减轻，产蛋率下降。鱼肝油、日晒干草中富含维生素 D，在饲喂时要注意补充，以防不足。

（3）维生素 E　为抗氧化剂、代谢调节剂。它可以保护饲料营养中维生素 A 及其他一些物质不被氧化。维生素 E 缺乏可导致雄鸽生殖器官退化变性，生殖机能减退；雌鸽产蛋率、孵化率减低，胚胎常在 4～7 日龄内死亡。维生素 E 在一般青饲料和各种谷类籽实、油料籽实中的含量均比较丰富。

（4）B 族维生素 其硫胺素、核黄素、泛酸、烟酸和维生素 B$_{12}$ 均为机体内组织器官和体液的组成成分，与碳水化合物、脂肪、蛋白质三大营养物质的代谢有密切关系。缺乏时易造成幼鸽生长发育不良、消瘦、贫血、羽毛粗乱，成鸽出现食欲减退、卧伏，生产性能下降，饲料利用率降低等症状。B 族维生素的各类物质在青饲料、糠麸、草粉、胚芽中含量较多，应注意供给。

（5）维生素 K 是维持正常血凝的必需成分。缺乏时，易造成出血不止、血凝不良。各种青绿饲料中都含有丰富的维生素 K。

为保证维生素添加时效果不被破坏，要避免高温、暴晒、蒸煮等，维生素添加剂应保存于低温、阴暗处。

第二节　常用饲料

肉鸽与其他禽类一样，都是要从外界吸取蛋白质、能量、微量元素、维生素等营养物质来维持自身生命、生长发育、繁育后代等需要，而肉鸽的生理特征决定了其在营养需要及饲料要求上与其他禽类有一定的差异。鸽食物构成介绍如下。

一、能量饲料

（1）玉米 是鸽子的主要饲料之一，主要供给鸽子的热量。因含热量高，纤维素少，适应性强，易消化吸收，且价格便宜，被誉为"饲料之王"。其中黄玉米富含胡萝卜素，是维生素 A 的良好来源。在鸽的日粮中用量可达 30%～60%。夏天可用的比例小些，冬季比例大些。新玉米水分较高，不易保管，不宜多买。发霉玉米内含黄曲霉素，鸽子吃了会中毒。陈玉米经烘干进仓保管，水分较低，但要防止杀虫剂。采购时可以闻一下，没有农药味即可，玉米也可用高粱和糙米代替。

（2）小麦　含有 2%～7% 的糖，11% 的蛋白质，53%～70% 的淀粉，2% 的粗纤维等。含热量也比较高，蛋白质多，氨基酸组成比其他谷物完善。B 族维生素也较丰富，故营养价值相对较高，是鸽的重要饲料。在日粮中用量为 10%～30%。

（3）大麦　蛋白质含量约为 12%，营养价值近似于玉米，但烟酸含量比较多，富含维生素 B_1，而维生素 B_2 含量铰少。比小麦含热量低，但壳硬，不易消化，少量使用可增加日粮饲料品种，调剂营养物质平衡，在日粮中可使用 10% 左右。麦类饲料容易消化，但对育雏的种鸽和幼鸽不合适。吃多了容易拉稀，臭气四溢污染鸽舍空气。一般在饲料配比中以不超过 20% 为宜。

（4）稻谷　含热量低于玉米和小麦，蛋白质含量与小麦相似。在南方，日粮中可达 10%～20%。但稻谷表层毛糙，适口性差，又较难消化，在种鸽育雏期不宜多吃，否则可能擦破食道。雏鸽吃了更不易消化。至于白米因在碾米时被剥去了种皮，损失了大量 B 族维生素，长期饲喂容易患脚气病，一般不宜作为饲料。

（5）高粱　含蛋白质稍高，热量含量较少，但高粱粒小，适宜喂鸽子，尤其是乳鸽。冬季用量为 15%，夏季可达 35%～40%。若有养鸽者想以高粱作为饲料，则必须在雏鸽时期开始喂，以养成习惯。质地好的高粱粒子大而圆，红褐色。粒小且品质较差的尽可能不用。如果把高粱与小麦合并一起饲喂，效果会更好。高粱颗粒小，容易消化，是嗉囊炎患鸽恢复期的主食。高粱脂肪含量低，作为鸽子换羽初期的主食有助于迅速换羽。

能量饲料营养成分见表 5-1。

表 5-1　能量饲料营养成分

品名	水分/%	粗纤维/%	蛋白质/%	脂肪/%	碳水化合物/%	钙/%	磷/%	灰分/%
玉米	11.35	2.25	9.55	4.0	70.96	—	—	1.89
稻谷	11.96	10.77	9.34	1.36	60.27	—	0.18	6.12
糙米	14.05	1.1	7.45	1.45	74.03	0.03	0.79	1.1
小麦	12.2	1.8	11.1	2.0	70.71	0.05	0.24	1.9

品名	水分/%	粗纤维/%	蛋白质/%	脂肪/%	碳水化合物/%	钙/%	磷/%	灰分/%
大麦	11.4	5.2	11.3	2.0	66.55	0.23	0.12	3.2
高粱	10.0	5.5	9.7	3.3	68.21	0.06	0.33	2.9
小米	11.1	4.9	9.7	1.9	67.5	—	—	4.9
燕麦	12.03	10.41	11.9	3.54	58.27	—	—	3.85

二、蛋白质饲料

所谓蛋白质饲料，是指在干物质中粗纤维含量低于 18％、蛋白质含量高于 20％的饲料。蛋白质是构成鸽体的主要成分之一，鸽的植物性蛋白质饲料主要是禾本科籽实，如豌豆、绿豆、蚕豆、大豆、红豆、小豆、黑豆、竹豆、木豆及火麻仁等。其营养特点是蛋白质含量比谷实类高，一般在 20％～40％之间，蛋白质品质好，特别是植物蛋白质中所缺乏的赖氨酸，蛋氨酸含量丰富，与谷物籽实配合使用，其氨基酸可起到互补作用，以提高饲料中蛋白质的利用率（表 5-2）。

表 5-2　常用豆类的营养成分

品名	水分/%	粗纤维/%	蛋白质/%	脂肪/%	碳水化合物	钙/%	磷/%	灰分/%
豌豆	13.4	6.0	21.7	1.0	54.56	0.32	0.82	2.2
黄豆	12.0	4.5	33.72	17.5	26.7	0.24	0.34	5.0
蚕豆	13.3	5.8	26.0	1.2	49.88	0.65	0.37	2.8
绿豆	11.8	4.7	23.1	1.1	55.04	0.16	0.4	3.7
赤豆	8.4	4.8	33.91	16.5	31.1	0.24	0.45	4.6

鸽子的肌肉、内脏、皮肤、血液、羽毛等均以蛋白质为主体。蛋白质饲料分植物性、动物性两类。植物性的有豌豆、黄豆、蚕豆、绿豆、赤豆等。豆类因含有一些不良物质，最好经过热处理（110℃加热 3 分钟）后使用。动物性的有骨粉、血粉、鱼粉、羽毛粉。还有一种啤酒酵母粉，蛋白质含量高达 50％左右，是较好的添加物质。鸽子喜爱植物性蛋白质饲料，作为主食每天必吃，而动

物性蛋白质饲料仅作为饲料添加剂，制成配合饲料才肯吃。

（1）豌豆　豌豆的种类很多，有白豌豆、绿豌豆和褐色豌豆，还有一种颗粒略小的野豌豆。各种豌豆的营养成分大同小异。喂时以褐色豌豆为主，各种豌豆均应有一些，达到营养全面的目的。豌豆的营养成分为蛋白质20%，碳水化合物55%，脂肪2%。豌豆对增进食欲很有效。但豌豆价格为玉米的2倍，一般掺入20%即可。豌豆以小颗粒为好。野豌豆的粒子比豌豆小一半，其营养价值不低于豌豆，适宜喂养刚出棚的幼鸽。

（2）黄豆　营养价值高于豌豆，其蛋白质含量34.3%，碳水化合物26.7%，脂肪17.5%。这是营养相当均衡的好饲料。但鸽子不爱吃，原因是黄豆所含抗胰蛋白酶较其他豆类高，需经加热处理才能改善其适口性。我国东北盛产黄豆，如能培养鸽子进食黄豆无疑是好事。

（3）蚕豆　蚕豆的蛋白质含量为26%，仅次于黄豆，而高于其他豆类。脂肪1.2%，碳水化合物的含量达50.9%。蚕豆颗粒大，鸽子不易吞食，也许因为这个缘故，我国鸽界没有喂蚕豆的习惯。其实只要把蚕豆砸碎，鸽子是喜欢吃的。特别是亲鸽在喂到第10天时，用浸泡过的蚕豆早晚喂2次，每次给雏鸽塞食10粒，既促进雏鸽发育，又可以使亲鸽不会因育雏而消瘦。

（4）绿豆和赤豆　这两种豆类鸽子虽很喜欢吃，但价格较贵，而营养价值又与其他豆类相仿，故从经济上并不合算。但在严冬喂给少量赤豆（也称红小豆），在炎热的夏天喂给少量的绿豆，对鸽子的保健是很有益的。

几种重要植物性蛋白质饲料在日粮中的比例如下：豌豆为重要的蛋白质来源，可用到20%～40%；绿豆具有清热解毒之功效，在炎热的夏季可加一些，用量一般为5%～8%；蚕豆粗纤维较多，颗粒较大，经粉碎成小粒，用量为10%～25%；大豆蛋白质为植物蛋白质的佼佼者，不仅蛋白质含量高，且氨基酸组成合理，唯稍欠蛋氨酸，大豆脂肪含量较高，营养价值很高，用量可为2%～10%，在使用前，必须经高温处理（炒或蒸煮）。

鸽子比较喜欢吃豆类食物，但不宜多喂。豆类饲料含有丰富的蛋白质、脂肪、钙、维生素及其他物质。豆类能促进幼鸽的生长发育，保持鸽子的体温，尤其冬季喂黄豆、红小豆为好，特别是营养不良的鸽子或病愈后的鸽子喂些红小豆更好。中医认为红小豆能补血。喂豆类还可以增进食欲，但喂时应注意，像蚕豆、黄豆等豆粒比较大，应破碎成小粒喂比较安全。

三、脂肪类饲料

脂肪类饲料是指含有大量脂肪的饲料。这类饲料不宜作主食，喂之过多会引起腹泻，还会使鸽子肥胖。当观察到鸽子的腹肌高于龙骨并呈黄色时，说明鸽体脂肪已经过多，必须加大运动量或停喂脂肪类饲料在主食中，少量搭配些脂肪类饲料能起健胃通便作用，冬天还可以防寒保暖。在换羽后期，这类饲料也不可缺少，它能增强羽毛的光泽。对一些瘦弱的肉鸽可以起到增肥的作用，以及促进性欲。常用的脂肪饲料有芝麻、菜籽、花生仁、葵花子、麻仁、红花籽等。

（1）芝麻　芝麻的脂肪含量很高。在一般情况下，还是少给为好，特别是在夏季不宜多喂，可减少到 2%～5%。在鸽子开始换羽毛时，最好暂停喂给，至旧羽完全脱落后再补喂，以促进新羽毛的生长。

（2）菜籽　这里指油菜籽，脂肪含量达 43.7%。菜籽同芝麻一样喂量不宜过多，一般在混合饲料中掺入 10%～15%。鸽子食用菜籽与黑芝麻有同样功效，会增加羽毛的光泽，但菜籽价格只有黑芝麻的 1/4。

（3）花生仁　花生仁脂肪含量高达 46.6%。饲喂时的配比与芝麻、菜籽大致相同，因花生仁颗粒大，鸽子总是啄啄放放，但只要形成习惯，也会争着吃。

（4）葵花籽　含脂肪 21%，碳水化合物高达 52.3%。葵花籽有一层厚实的硬壳包着，含纤维也高。鸽子食用葵花籽，既有同食用芝麻、菜籽相似的作用，又可避免腹泻，还有利于粪便成形。缺点是消化较困难，适口性差，颗粒太大，又不能捣碎喂，所以要选择小粒的葵花籽。

（5）麻仁　又称火麻仁。所含脂肪在同类饲料中堪称第一，高达50%。饲喂比例应低于上述各种脂肪饲料。麻仁还有促进鸽子发情的作用。许多经验证明，如有肉鸽性欲不高屡屡配不上，服用麻仁后效果很好，但不宜过多。

（6）红花籽　混合饲料中不可或缺的一种，白色，表皮光洁。鸽子很爱吃，但不可多吃，饲料中占20%左右即可。

四、全价配合饲料

鸽子全价配合颗粒饲料简称鸽颗粒料，是指按鸽子饲养标准将不同的能量饲料、蛋白质饲料及矿物质、维生素、微量元素和一定的添加剂、黏合剂粉碎均匀混合在一起，由专用机械压制切割而成，具有一定形状、硬度的饲料。

鸽子颗粒料按鸽子不同生长阶段的营养需要，可制成具有不同营养成分的饲料。即分为哺乳鸽饲料、青年鸽饲料、一般成年鸽饲料、产蛋鸽饲料。其颗粒随不同的生长阶段而有所不同。试验证明，鸽子颗粒饲料具有以下优点。

① 营养成分全，营养价值高

② 提高饲料利用率，增强鸽子体质

a. 可以提高鸽子的抗病能力。在试验期间鸽子的死亡率为零，各种季节性疾病的发病率降低。受伤的鸽子用颗粒料喂养，其伤口愈合速度比较快。

b. 用颗粒料喂哺乳鸽有生长快、体质好、羽条宽、羽毛紧、下窝早的特点。

c. 防止鸽子挑食，使用方便。在日常饲养管理过程中，常常发现有些鸽子专挑适口性好的玉米吃。长此以往会造成鸽体摄取营养成分不平衡，导致鸽子体质下降甚至患病。而颗粒料不存在鸽子挑食的问题，对全面摄取营养十分有利。由于颗粒料中已经按鸽子的饲养标准科学地添加了一定量的矿物质、微量元素和维生素，也就避免了有些饲养者在配制饲料时苦于不能准确掌握各种原料配比带来的麻烦。

d. 安全卫生，且有防病作用。颗粒料在生产过程中已经过高温、高压处理，原料中的细菌及病毒已被杀灭，成品经打包直接送到销售点，避免了流通过程中可能发生的污染。另外，由于颗粒料中还添加了一定剂量的抗生素，还可以起到防病和降低鸽群发病率的作用。

e. 成本低。如日粮中的豆类饲料在颗粒料中可用豆粕替代，脂肪饲料可用菜籽饼替代等。

鸽子全价配合颗粒饲料与日粮相比，优点是明显的。但目前生产过程中还存在许多问题。首先，生产这种颗粒料的厂家很多，但良莠不齐。有的厂家配方不科学，鸽子食用后会出现拉稀、发胖等现象；有的厂家工艺没有过关，成品质量不合格，碎粒率增加，水分过高，不易保管。其次，现在生产的颗粒料价格普遍较高。

五、矿物质饲料

矿物质饲料属添加剂饲料，含有鸽子所必需的矿物质元素，用以补充日粮中矿物质的不足。矿物质饲料有两类，一类是工业合成的矿物质饲料，如硫酸铜、硫酸亚铁等，另一类是天然单一的矿物质饲料，如石粉、贝壳粉、骨粉、鱼粉、蛋壳粉、血粉、木炭、红土等。

（1）工业合成矿物质 在日粮中添加的数量很少，每100千克饲料为1~9毫克，加时必须混合均匀，不然在配合日粮中某一部分元素含量过多，就会引起鸽子中毒；而另一部分元素含量过少，又会导致微量元素缺乏症。鸽市上有专供鸽子食用的含微量元素的矿物质制剂，品种很多，有粉状、砖块状和颗粒状。

（2）天然单一矿物质 主要成分是钙质。原先养鸽子都给鸽子吃陈石灰，鸽子也特别爱吃，现在都用单飞粉、碳酸钙。钙的功用是长骨骼、长羽毛。喂过7天的鸽子，亲鸽不喂鸽乳，从喂食糜逐步到喂原粮，此时的雏鸽正在长骨骼、长羽毛，是最需要补钙的时期。这时可以在保健砂中加点磷酸氢钙，更有利于雏鸽长骨骼、长羽毛。值得提醒的是，凡事都有一个度。鸽子摄入钙质不足，不利于幼鸽发育，成鸽也会产薄壳蛋；如果摄入过量，雌鸽会产厚壳蛋，胎鸽不易破壳而死亡。幼鸽断奶后上房家飞时，骨骼和翼羽坚韧度不够，甚至很脆弱，第8、第9、第10根大羽一折就断。所以正确掌握剂量是很重要的。

六、保健砂

随着肉鸽业的迅猛发展，各地先后出现了一批室内饲养肉鸽的规模生产大户。这种大规模的室内笼养，致使肉鸽不能啄食到需要的各种营养物质，需要人为提供。否则，肉鸽的生长发育就会受到一定的影响，其生产性能也得不到充分发挥。因此，采取人为提供和配制保健砂，就显得尤为重要。在其配料成分中，不同的鸽场虽不尽相同，但主要配料基本相似，只是添加剂有所不同。为了提高肉鸽生产性能，现将配制保健砂的主要原料及其作用简述如下。

1. 保健砂主要配料及其作用

（1）骨粉　骨粉是将动物的骨骼经过高温消毒后将其粉碎而成。所含成分有钙30.7%、磷12.8%、钠5.69%、镁0.33%、钾0.19%、硫2.51%、铁2.67%、铜1.15%、锌1.3%、氯0.01%、氟0.05%等。骨粉是提供钙、磷、铁的主要来源。钙与磷在体内是互相依赖的，两者按一定的比例被机体吸收后，方能在体内形成坚硬而又有韧性的骨架。若缺磷时，会导致骨质松脆，易折断。因此，骨粉能防止幼鸽发育不良、骨骼变形及软骨症，还可防止雌鸽产软壳蛋、薄壳蛋和砂壳蛋等。骨粉中的铁元素对血红蛋白的形成、预防贫血有较好的作用。养鸽户在购进骨粉时应当注意，未经蒸煮消毒的生兽骨粉、肥田用的骨粉和加工厂磨出的骨粉，往往带有病原体和杂质，不能用作配料，否则易致鸽子发病。

（2）蛎壳片　将蛎壳用粉碎机经粉碎而成，一般直径为0.5~0.8厘米，如豌豆切面大小。若将其加工成粉状，鸽子则不太喜欢吃，片状的蛎壳对鸽胃的消化功能有所帮助。蛎壳中所含成分是钙38.1%、磷0.07%、镁0.3%、钾0.15%、铁0.29%、氯0.01%。

蚝壳是保健砂中提供钙质的主要来源，可促进机体的正常生长发育，防止鸽子软骨症和产软壳蛋等。此外，它还与酶的代谢及凝血因子的形成有关。

（3）陈石膏　用量一般为5％左右，该产品中含有较多的钙质，用来补充钙质，还具有清凉解毒作用。陈石膏对鸽在8～10月换羽时具有促进作用，所以在此期间应在保健砂中适当添加。

（4）蛋壳粉　一般在缺乏蚝壳或骨粉时使用蛋壳粉，用时必须要先将蛋壳炒熟，然后进行粉碎使用。所含成分是钙34.8％、磷2.3％。其作用和蚝壳、骨粉相似。

（5）石灰石　即熟石灰，含钙质高，用以补充钙质及少量的微量元素。但熟石灰的碱性较强，所以在添加时其用量不宜太多，一般以不超过5％为宜。

（6）粗砂　最好使用来源于溪河之砂，采回后进行筛选，去掉小颗粒及大颗粒，使用中等颗粒为佳，并用水冲洗干净，在阳光下晾晒2～3小时，然后装袋备用。砂粒的作用主要是帮助肌胃对饲料进行机械消化，将吃入的颗粒料磨碎，便于肠道的消化吸收。同时，里面所含的微量元素有部分将被机体吸收利用，所以保健砂中若没有砂粒，易导致鸽子消化不良，同时还会降低饲料的利用率。

（7）石米　可代替砂粒，具有砂粒的作用；同时来源广，大小均匀，干净好用，不含杂质。石米比砂坚硬，在肌肉胃中不易磨碎，但不必担心会积累在肌胃里。鸽子能根据自身需要来啄食适量的石米，而且能通过体内的调节和消化功能将部分较细的石米从粪便中排出。另外，鸽子肌胃的压力和酸性是很大的，它能将其磨细而排出体外。

（8）黄泥　即称为红土或黄土，到处都可挖到，但以深层次的黄土最佳，这是因为含杂质和细菌少。将挖出的黄土置于阳光下晒干，再装入袋中备用。黄泥含有铁、锌、钴、锰、硒等多种微量元素，是用作保健砂的原料和给鸽子提供少量的微量元素。目前在配制的保健砂中已添加常量元素或微量元素等，所以目前已很少使用或不用。

（9）氧化铁 该原料呈红棕色，其作用主要是提供鸽子体内所需要的铁质，用以合成血红蛋白，促进血液循环。但该原料不宜用得太多，一般可控制在 0.5%～1.0%。

（10）木炭末 该原料具有较强的吸附作用，能够吸附肠道产生的有害气体和清除有害的化学物质、细菌等，同时还具有收敛止痢的效果。它在肠道中附着于消化道黏膜上，起到保护肠管作用。同时，它又会吸附营养物质，直接影响到肠道的消化吸收功能。所以，该原料在配制时用量不宜太大，控制在 5%以内为好。在使用该原料过程中，用量应当不断进行调整变动，可每周 1 次，变动范围一般为 1%～5%。

（11）食盐 一般用粗颗粒状的海盐。该原料所含主要成分为氯和钠，另外还有少量的钾、碘、镁等元素。添加食盐主要是补充鸽子体内需要的元素。此外，使用食盐还会起到增强食欲、促进新陈代谢的作用，是配制保健砂中一种不可缺少的原料。但是，添加使用量也不宜过多，以防摄入量过多引起食盐中毒，为此一般用量为 2%～5%。

2．常用添加剂

除上述各种原料可配制保健砂外，这里再介绍配制保健砂所需要的几种常用添加剂。

（1）生长素 是指用量极少、直接或间接促进动物生长的营养成分和药物组成的一种集合体。国产和进口的生长素所含营养成分有些不同，国内不同的生产厂家其产品也有差异。为此，在使用时必须要了解其营养成分。使用生长素总的来说，就是用以补充鸽子生长发育所需要的常量元素和微量元素以及其他营养素，用量一般占保健砂的 1%～2%。

（2）红糖 红糖是一种营养添加剂，用它主要是给肉鸽提供高能量，用以补充体液、增强心肌力量，还可提高机体渗透压，使组织脱水，有利尿解毒作用。用红糖作保健砂的添加剂，主要目的是用以提高热能，增强鸽子的抗寒力，尤其是乳鸽的御寒能力，防止乳鸽被冻伤或被冻死。但由于在保健砂内加入糖后易发生变质、潮湿等，所以应当注意即配即用。

3．保健砂的配制

取地下较深未受污染的红土，晒干，捣成细末，装袋单独存放。将蛋壳、蚝壳等洗净，晒干后捣碎。石灰石、石膏等清除杂质捣碎，木炭末用水冲洗干净，晒干后捣碎。配制保健砂时，应检查各种配料是否干净，有无杂质，有无霉变。应先将配料如红土、贝壳粉、粗砂、骨粉等先混合好，每天喂给保健砂前，再混合其他用量少及易氧化、易潮解的配料。配料时应由少到多，多次搅拌，充分混匀。各鸽场可根据鸽群状态及本场实际情况选择配料成分。例如，在天气突变、高温高湿情况下，鸽易产生应激，可在保健砂中增加多种维生素。若鸽子为地面平养，可适当增加抗球虫药物，防止球虫病发生，但不可过量，以防中毒。夏季鸽疫流行时，可增加维生素A及抗生素的用量，以起到辅助治疗作用。另外，在鸽群发生食物中毒时，除采取相应解毒措施外，还可适当增加鱼肝油及甘草粉的用量，以刺激消化液分泌。

4．保健砂饲喂量

认真测定鸽子的采食量，哺乳期雌鸽可根据乳鸽生长的需要，调节自己采食保健砂的量，所以在育雏期雌鸽对保健砂的采食量不同。一般1～3日龄时较少，4日龄后逐渐增多，1～3周龄最多，3周龄后又减少，每只鸽子平均采用量为3.1克，可根据每只鸽子的需要量，计算每天每只鸽子所需添加剂和药物的量。

保健砂配方因各地饲养方法及习惯不同而略有些差别。现介绍几种常用的配方。

配方一：黄泥30%、骨粉10%、木炭末5%、蚝壳粉15%、细砂粒25%、食盐5%、旧石灰5%、旧石膏5%。

配方二：黄泥20%、龙胆末0.6%、蚝壳粉30%、骨粉8%、甘草末0.4%、木炭末6%、旧石灰12%、细砂粒20%、食盐3%。

配方三：红土20%、蛋壳粉10%、砖末10%、河砂20%、食盐10%、骨粉20%、木炭末10%。

配方四：细砂粒 60%、蚝壳粉 31%、食盐 3.3%、二氧化铁 0.3%、牛骨粉 1.4%、甘草粉 0.5%、明矾 0.5%、龙胆草粉 0.5%、木炭粉 1.5%、石膏 1%。

因夏季多雨，鸽子易发生球虫和葡萄球菌感染，所以保健砂中加入甘草、龙胆草、明矾比较好，如果再加入鱼腥草末、白头翁末能防止球虫、细菌性疾病。保健砂切勿受潮和雨淋。购买成品的保健砂应注意有些厂商投其所好，增加盐的用量导致鸽子爱吃，但这是有害的，轻则鸽子口渴，多饮水，重则引起腹泻。有些鸽子喜欢挑颜色红的吃，因为红色即含铁多，不过有些厂家会用色素，在购买的时候应认真鉴定。

七、动物性蛋白质饲料

这类饲料的特点是蛋白质含量高、氨基酸组成理想，故生物学价值就高，钙、磷等矿物质含量丰富，且比例恰当，易于消化吸收，为鸽子良好的蛋白质补充饲料。主要有鱼粉、肉粉、蚕蛹粉、蚯蚓粉等。这类饲料在目前还不普遍使用于鸽场。

第三节　饲料加工技术

很多人饲养鸽子都会选择自己配制饲料，这样可以自己选材、选择制作工艺，保证配制饲料的营养及安全。也有很多饲养鸽子直接从厂家购买饲料。饲料生产厂家无论规模大小、设备是否先进，其基本的生产工艺流程都是相同的。

一、原料的选择与接收

优质饲料原料是生产安全饲料的前提。为保证原料质量，对每批购入的原料都要进行抽样检测，饲料原料的检验除感官检查和常规检验外，还应该测定其内部的农药及铅、汞、镉、钼、氟等有毒元素和包括工业三废污染在内的残留量，将其控制在允许范围内。对未达到标准的原料要妥善处理。同时，不要选用品质不稳定的原料。有些原料并非掺假使品质下降，而是因加工方法不同使其含杂量大，营养成分不稳定；或因品种和产地不同而使成分含量波动大等；各类添加剂更由于载体不同而使原料品质差异。这些必然会造成营养素的不平衡，有些营养会超过需要而浪费，有些养分则因不足而影响动物发育，有害物质还会影响禽体健康和产品质量。

二、清理

原料清理既是为了保证成品含杂质不要过量，也是为了保证加工设备的安全生产，减少设备损耗以及改善加工时的环境卫生（图5-1）。

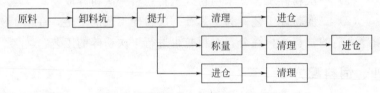

图 5-1　原料接收与清理的一般工艺

三、粉碎

粉碎就是利用机械的方法克服固体物料内部的凝聚力而将其分裂的操作，即靠机械力将物料由大块破碎成小块的过程。它是影响饲料质量、产量、电耗和加工成本的重要因素。目前，粉碎谷物和饼粕等饲料常采用挤压、撞击、研磨、劈裂等方法，有时还有弯曲和撕裂等的附带作用。

饲料粉碎对饲料的可消化性和鸽子的生产性能有明显影响，对饲料的加工过程与产品质量也有重要影响。适宜的粉碎粒度可显著提高饲料的转化率，减少鸽子粪便排泄量，提高鸽子的生产性能，有利于饲料的混合、调制、制粒、膨化等。粉碎机动力配备占饲料厂总功率配备的 1/3 左右。微粉碎能耗所占比例更大，因此如何合理选用先进的粉碎设备、设计最佳的工艺路线、正确使用粉碎设备，对于饲料生产企业至关重要。

粉碎工艺按其组合形式可分为先配料后粉碎和先粉碎后配料两种；按原料粉碎的次数又可分为一次粉碎工艺和二次粉碎工艺。

1．按配料和粉碎先后的工艺流程

（1）先粉碎后配料工艺流程　该工艺是指将需要粉碎的粒状原料先进行粉碎，进入配料仓，不需要粉碎的物料直接进入配料仓，然后进行配料混合等工序。

（2）先配料后粉碎工艺流程　指将所有参加配料的各种原料，按照一定比例先进行计量配料，然后进行粉碎混合。

2．一次和二次粉碎工艺

（1）一次粉碎工艺　采用粉碎机将粒料一次粉碎成粉。

（2）二次粉碎工艺　为了弥补一次粉碎工艺的不足，在第1次粉碎之后的物料进行筛分，对粗粒再进行1次粉碎的工艺。

四、饲料配方

饲料的配料计量是按照预设的饲料配方要求，采用特定的配料计量系统，对不同品种的饲用原料进行投料及称量的工艺过程。经配制的物料送至混合设备进行搅拌混合，生产出营养成分和混合均匀度都符合产品标准的配合饲料。

五、混合

所谓混合，就是各种饲料原料经计量配料后，在外力作用下将各种物料组分互相掺合，使其均匀分布的一种操作。在饲料生产中，主混合机的工作状况不仅决定着产品的质量，而且对生产线的生产能力也起着决定性的作用。因此被誉为饲料厂的"心脏"。

每只鸽子每天或每餐的采食量只是工厂生产的某一批饲料中极少的一部分。为保证鸽子每餐都能采食到包含有各种营养成分的饲粮，就必须保证各组分物料在整批饲料中均匀分布，尤其是一些添加量极少而对鸽子生长又影响很大的"活性成分"，如维生素、微量元素、药剂及其他微量成分等，更要求分布均匀（图5-2）。

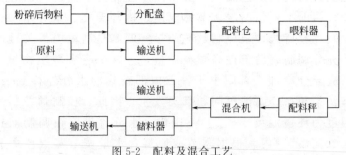

图 5-2　配料及混合工艺

六、制粒（或挤压）

通过机械作用将单一原料或配合混合料压实并挤压出模孔形成的颗粒状饲料称为制粒。制粒的目的是将细碎的、易扬尘的、适口性差的和难于装运的饲料，利用制粒加工过程中的热、水分和压力的作用制成颗粒料。

与粉状饲料相比，颗粒饲料可提高饲料消化率，减少动物挑食，使得储存运输更为经济。经制粒一般会使粉料的散装密度增加$40\%\sim100\%$。颗粒饲料可避免饲料成分的自动分级，减少环境污染，同时可杀灭动物饲料中的细菌（图 5-3）。

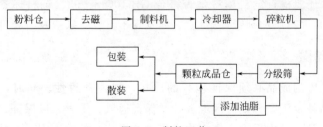

图 5-3　制粒工艺

制粒是饲料生产过程中最复杂的工艺，制作颗粒饲料时，冷却器及配套风机选择不当，易造成颗粒冷却时间不够或风量不足，出机粒料水分、温度过高，这样的饲料易霉变。应选择制定完善的饲料工艺流程，防止因工艺流程不完善而引起饲料霉变。目前主要是通过调节室温度、冷却温度、水分增加、破碎率及颗粒持久性来控制颗粒质量。调制是制粒中最关键的步骤，充分调制有助于提高颗粒质量，并减少有害微生物量。压粒后应充分冷却，否则由于颗粒内部较热的水分外移到表面，霉菌污染和料仓腐蚀等问题都会发生。因此，控制颗粒料冷却后温度为环境温度±5.5℃范围内，水分含量应在调制前饲料的±0.5%范围内。根据季节或原料含水量调节蒸汽压力和蒸汽温度，以保证达到一定的调制效果，从而提高和保证颗粒料的质量。

七、成品打包

物料自料仓进入自动秤后，自动秤将物料按定额进行称量，通过自动或手控放料使物料落入灌装机构所夹持的饲料袋内，然后松开夹袋器，装满饲料的饲料包通过传送带送至缝包机缝包，随即由传送带输入成品库堆垛。

饲料打包过程中会受到微生物的污染，同时还需注意饲料标签上的各项指标是否符合成品。如有较大出入，将会在鸽子养殖中造成污染。因此，在重点对成品的感官、粒度、色泽、气味等监督的同时，还要检查饲料标签是否符合 GB 10648—93《饲料标签》和《饲料和饲料添加剂管理条例》，如发现不符合要求应及时处理。

八、储藏

入库的成品必须保证包装的质量，加强密封性。同时，按规范、品种及生产日期分区堆放，并保证通风、干燥，以保证饲料的新鲜度及不发生霉变。遵守先进先出，推陈出新的原则。饲料的保管与储藏在确保饲料安全方面也非常重要，主要是储存条件的控制（如温度、湿度、通风等）及储藏时间，饲料保管时温度过高或可使蛋白质变质，或因储藏时间过久、湿度过大，可导致细菌作用而腐败。保存时应保持干燥，储藏时间不能超过 3 个月。否则，如果储存条件控制不当，也不能保证饲喂给鸽子的饲料为安全饲料（图5-4）。

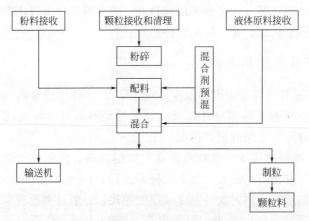

图 5-4　配合饲料生产基本工艺流程

第四节　饲料的保存与运输

一、饲料的保存与运输技术要点

饲料的储存，必须采用科学的方法，既要避免饲料变质，又要预防营养成分的流失，才有利于饲料的利用。

饲料在储存的过程中，环境因素是一大变量，毒素常常是在温暖、潮湿、脏乱的环境中产生。饲料存放在低温、干燥、避光和清洁的地方，可避免一些毒性物质的产生，也可以避免饲料的变质和破坏，延长饲料的使用期限。但是有一点必须注意，在饲料保存之前，必须将饲料充分干燥，以利保存。具体做法如下。

（1）预备足够存放所进原料的仓库　存放一堆或几堆也可以，最好是在同一个仓库内，如果此原料常用且数量多时，应该存放在进料口附近，以便使用时方便搬运，节省工时。

（2）存放地点应该有空间　空气流通，不闷热，不被太阳直射，不被雨淋。通风情况应每天要开门通风，包括周末及节假日，下雨的时候记得关好门窗。

（3）准备垛头卡　记录种类、数量、日期（收、使用和存仓）、供应商、地点等，并挂到堆放原料处。此存货卡也可以用各种颜色来表示同意使用、禁止使用、待检等。

二、存放及原料看管

① 原料进场前应取样至少10％样品，等待检验合格后，进厂卸货。不同的原料应分开存放。如果场地不够时，堆放同一堆原料，应以记号笔做好记录标示。

② 原料的品质可能危险性高，如脂肪高、发热、潮湿，此类原料应分开来特别看管，放上长杆温度计，1～2天至少检测2批，要有表格追踪，同时要与温度及湿度相比，一般这类原材料应堆放在仓库通风良好的地方，但不要存放离门太远，应距离仓库门1米，以防下雨，也不应该堆放得太大、太高。

原料之所以不能堆放太高的原因：一是不方便检查中央原料的品质；二是空气不容易流通，尤其是中间层，因为空气被阻，可能会阻碍通风；三是温度容易累积到燃烧点，引发火灾造成损失；四是易滋生细菌、霉菌、昆虫等，引发发霉、结块等，造成原材料品质下降。

三、成品管理控制

根据鸽场饲养员报单生产，发货要求推陈出新，每天必须盘点核对，时刻掌握库存情况，发货同时要做好批次记录，便于事后追踪。

（1）加强原料检查　饲料厂对饲料原料除了进行必要的感官检查外，还要进行相关数据的检测，严格按照标准执行，严禁购入水分高、有异味、异色的原料，尤其是不能购入霉变的原料。

（2）抓好生产管理　在饲料的生产过程中，有许多因素可能导致饲料霉变，应严格把关。首先要控制好水分的含量，保证饲料水分控制在允许的范围内。其次是及时清理车间和生产设备易残留饲料的死角，以免这些死角残留料堆积时间过长，引起霉菌的生长繁殖。最后是饲料袋封口要严密，袋口折叠后在缝合、锁包时针眼要密，并锁紧，以防潮湿空气吸入包装袋内，引起包装袋缝口处物料吸潮发霉。

（3）改善存储条件　饲料存储库要干燥、阴凉、地势要高，通风条件良好，地面、墙壁要做防潮隔湿处理。饲料堆放要规范，高度适宜，垛底应有垫板，垛与墙、垛与垛之间要保持一定的距离。饲料原料、新生产的饲料及退回的饲料要单独存放，以免造成交叉污染。要定期对饲料库进行打扫和消毒。

（4）做好饲料运输　饲料在装车前要清除车厢内的积水，在运输途中要盖好防雨布，避免饲料潮湿。饲料运输宜采用汽车运输，避免在途中积压。

（5）合理采购饲料　饲料购入应根据使用情况，制订合理的采购计划，不能一次购入大量饲料，造成积压，除考虑积压时间过长容易发霉以外，还要考虑有效期问题。多雨季节空气湿度大，更不能购入过多的饲料，同时注意防止雨水淋湿饲料。

第六章

饲养管理

由生长鸽转入配对后的鸽被称为种鸽。已经配对准备下蛋或正在孵化和育雏的成年鸽称为产鸽，已经带仔育雏的鸽称为亲鸽。由于种鸽在不同的生产阶段有不同的生理特征和饲养目的，在饲养管理上则应采取不同的技术措施，以确保经济效益。

第一节　仔鸽的饲养管理

仔鸽是指出壳至离巢出售前的雏鸽。鸽子是晚成鸟，刚出壳的雏鸽，眼睛不能睁开，不能行走和自由采食，全靠亲鸽哺育才能成活。体温调节能力和抗病能力都很差，因而是鸽子一生中最危险的时期，同时仔鸽阶段是鸽子一生中生长最迅速的时期，该阶段饲养管理的好坏，对鸽场的经济效益影响较大。

一、仔鸽的生长发育特点

刚出壳的雏鸽身体软弱，眼未睁开，身带胎毛，不能行走和自行采食，靠亲鸽哺育才能成活。仔鸽阶段生长速度快，饲料转化率高。一对良种仔鸽21日龄体重可达1～1.25千克，25日龄发育良好的仔鸽体重可以超过雌鸽的体重。育雏期亲鸽的日粮应配合得当并喂保健砂，以免影响雏鸽生长。

二、仔鸽的饲养管理

在繁殖季节，正常情况下只要巢中已无仔鸽，则在1～2周

134　图说高效健康养鸽技术

内，亲鸽即会再产1窝蛋。对于繁殖性能好的亲鸽，一般在上窝仔鸽达15～18日龄时便会产第二窝蛋。这样亲鸽既要哺育上1窝仔鸽，又要承担第二窝蛋的孵化任务，所以在饲养管理上要注意喂给亲鸽营养丰富而全面的日粮，以保证亲鸽良好的体力来哺喂乳鸽和孵化种蛋，同时确保仔鸽能继续正常生长发育。如果亲鸽体力差而无法兼顾两项工作，则须将第二窝蛋拿走，使亲鸽集中精力照顾好仔鸽，避免出现没孵几天蛋而仔鸽变得瘦弱无力，停止生长发育的现象。有条件者，可进行人工哺育或强制育肥，使亲鸽集中精力孵蛋。对于笼养的鸽子，则可把有蛋的巢盘放在笼内上部的铁架内，把有仔鸽的巢盘放在笼内下部的笼底上，使亲鸽能安心孵蛋。采用巢箱群养的鸽子，把蛋和仔鸽分隔在相邻的2个巢箱内，便可完全避免仔鸽的干扰。

孵化出壳的雏鸽，开始食亲鸽分泌的鸽乳，5日龄后逐渐过渡到用籽实饲料哺育雏鸽，这种哺育方式称为自然育雏。自然育雏管理要点如下。

1．精心照料

鸽孵出后3～4小时已觉饥饿，将嘴向上抬起，触动亲鸽的腹部和嗉囊，亲鸽用喙含住乳鸽的喙，口对口将鸽乳喂给仔鸽。3～4天后仔鸽眼睛慢慢睁开，身体也逐渐强壮起来，身上开始长出羽毛并开始学习走动，颈部能进行伸缩，抬头仰喙向亲鸽要食。此时仔鸽的消化能力增强，食量增加，亲鸽频频饲喂乳鸽，每天达十余次。5～7日龄，亲鸽的鸽乳较浓稠，并夹杂有软化发酵后的小颗粒豆粒；以后鸽乳逐渐减少，配合原粮逐渐增加。此阶段在管理上应注意，个别亲鸽在仔鸽出壳后4～5小时仍然不给仔鸽喂乳，这时应注意调教，即把仔鸽的嘴小心插入亲鸽的口腔中，经多次重复后亲鸽一般会哺育。此阶段仔鸽的食量增加，亲鸽的哺喂次数增加，所以供给亲鸽的营养要高些，可增加豆类的用量。

9～10日龄起，仔鸽身上羽毛明显增多，此时亲鸽全部给仔鸽哺喂原谷物全颗粒或半颗粒状饲料，亲鸽保温的时间逐渐减少。此阶段，少数仔鸽不能完全适应，常会出现消化不良和嗉囊炎，这时可给乳鸽投喂酵母片或乳酸菌素片，在保健砂中增加维生素、微量元素及中草药甘草、龙胆草、穿心莲等。此时亲鸽进入交配期，不再与仔鸽同窝，应注意天气变化，并经常检查仔鸽是否跌落巢窝。

15 日龄的仔鸽，体重可达 0.4～0.5 千克，羽毛基本长全，活动自如，可将仔鸽捉离巢窝，让其在铺有麻布的笼底活动。此时仔鸽仍由亲鸽饲喂，所喂饲料与亲鸽相同，为全颗粒状饲料。此时多数亲鸽已产蛋或开始产蛋。此阶段仔鸽的进食量增加，为此要增加饲料量，最好不限时、不限量。少数亲鸽产蛋后无心喂养仔鸽，应采用人工哺育的方法进行灌喂。人工哺育时采用雏鸡配合饲料，加入适量的奶粉、葡萄糖、蛋氨酸、赖氨酸、多种维生素、微量元素以及各种消化酶等营养物质，用温开水调成糊状灌喂，每天 2～3次，每次灌喂不宜太饱，另外加喂少量团状保健砂。留种鸽不宜进行人工哺育，否则会影响种鸽质量。

20～25 日龄的乳鸽，会在笼内四处活动，但还不能自己啄食，仍依靠亲鸽饲喂。饥饿时，追逐亲鸽讨食，此时亲鸽会强迫仔鸽独立生活，做出不肯饲喂的动作。此阶段，在管理上应增加高蛋白饲料的供应，保健砂要充足，以满足其营养需要，但每次投料不能太多，以防亲鸽吃得过多，将仔鸽喂得太饱，而造成消化不良。

仔鸽长到 25～26 日龄体重达 0.5 千克以上，即可上市出售，但此时仔鸽的肌肉含水量高，皮下脂肪少，肉质较差。为了提高仔鸽的品质和增强适口性，可在上市前进行约 1 周的育肥。采用含淀粉多的玉米、糙米、小麦及豌豆作主要育肥饲料，适量加入矿物质、多种维生素和消化酶，能量饲料占 75%～80%，豆类占 20%～25%，粗蛋白 20%～21%、粗纤维低于 5%、钙 0.8%～1.3%、盐 0.3%～0.8%。为了利于仔鸽的消化吸收，通常将颗粒大的饲料破碎成小颗粒饲料并浸泡 4～8 小时使之软化后才填喂。每天填喂 2～3 次，每次 50～100 克，料水各半。经过填肥的仔鸽，烹调后皮脆、骨软、肉质香嫩。

2．保持清洁的环境

仔鸽食量大、排粪多，容易污染巢穴，而此时仔鸽抵抗力弱，容易发病，所以应经常更换窝内的垫草或垫布，保持巢穴的清洁、干爽，饮水清洁，保健砂、饲料新鲜。否则，巢盘积聚大量粪便，垫料潮湿发霉，仔鸽容易感染疾病而造成死亡。

3．并窝

并窝是提高种鸽繁殖力的有效措施之一，因为并窝后，不带仔的种鸽可以提早 12 天左右又产下一窝蛋，缩短了产蛋期。一对乳鸽中途死亡仅剩的 1 只或一窝仅孵出 1 只，可合并到日龄相近的单仔窝或双仔窝中，这样可以避免仅剩的 1 只仔鸽被亲鸽喂得过饱而引起消化不良的现象。并窝应在饲料充足、日粮配合完善、管理细致的情况下进行，否则并窝的效果不好。

第二节　生长鸽的饲养管理

生长鸽是指 1～6 月龄的鸽。根据生理特点，生长鸽又分为童鸽（1～2 月龄）和青年鸽（3～6 月龄）。培育生长鸽是一项十分重要的工作，因为生长鸽质量的高低直接影响将来种鸽的生产性能及遗传潜力的发挥，并与鸽场的经济效益密切相关。

一、童鸽饲养管理

童鸽离巢开始独立生活，这时与原来的哺喂鸽乳和环境条件都有差异，因它的觅食和抗病能力都较差，所以不可粗心大意，忽略管理。

1．定时、定质和定量饲喂

由于童鸽消化系统的功能尚未完善，消化饲料的能力尚差，同时童鸽刚从哺育生活转为独立生活的转折阶段，生活条件发生了较大的变化，本身的适应能力也较弱，所以饲养的饲料应是小粒的，应将玉米、豌豆、蚕豆先粉碎，再用清水浸泡，晾干后饲喂。保证每只童鸽有食槽位，每天饲喂 3～4 次，确保每只鸽子有足够的营养和热量来源。饲喂时，最好每只鸽每次加喂钙片或鱼肝油1粒。每次喂料后45分钟，将食槽清扫，以增强下一餐的食欲，又可减少浪费。食槽要勤洗，每日可用高锰酸钾水消毒1次，特别是梅雨季节。同时供应新鲜的保健砂，其位置应低于鸽子胸部，防止童鸽龙骨弯曲。刚从保育舍转群的头几天，饲喂时应细心观察，发现不会采食的童鸽，要给予调教和人工饲喂。发现有食欲减退，缩在一旁不思食者，都应及时进行隔离检查，防止病重死亡或传染他鸽。

2．童鸽的饮水

童鸽开始可能有的不会自动饮水，在它渴时，可一手持鸽，一手将其头轻轻按住（不可猛按或按得太深，以防呛死），让它的嘴甲自动饮水数次后，即会自饮。在饮水中最好适当加入食盐、有关健胃药或复合维生素B，有助于消化和增进食欲。夏天早晚各换1次水，饮水量为50～60毫升。如水浑浊时，可加明矾净化，每10千克水加3克明矾。水具要勤洗、消毒，特别是梅雨季节。要保证每只童鸽有食槽位，保证不停水。

3．精心管理

童鸽离巢最初15天，对外环境适应力较差，必须注意保温，从育雏室出笼不能直接进自然通风笼（尤其是早春，早夜寒冷季节），必须先在室内有挡风避寒条件。最好放在保育床上养，每张保育床长200厘米，高85厘米（其中含脚高50厘米），为铁丝网结构，网眼5平方厘米，而床底网眼为3平方厘米。每张床设有食槽、保健砂杯和饮水槽（杯），最好均悬挂在铁丝网外，可免鸽粪污染。每张床可养鸽15～20对，经过5～6天，童鸽便可自行上下床。15天后，可把童鸽从保育床移到网上（地面）饲养，每群50对左右，舍外要围大于鸽舍面积2倍以上的运动场和飞翔空间，并设置合适的栖架，使鸽子白天有一定的空间飞翔运动，晚间有舒适的栖身处。也可建简易鸽棚，能达到上述要求即可。其饲养密度以3对/平方米为宜。必须要保证鸽舍清洁卫生和干燥。

4．童鸽的洗浴

童鸽洗浴时间不宜太长，每次半小时即可，浴后的污水要随时倒掉，以免童鸽自饮污水，引起疾病。

5．童鸽档案

为了避免将来近亲交配，必须建立系谱档案。被选留种的童鸽也必须先带上编有号码的脚环，然后做好原始记录（如自身脚环号码、羽毛特征、体重及亲代已产仔窝数等），才能再送人。

6．童鸽群饲养

童鸽饲养可雌雄混群养，也可雌雄分开养。分养与混养各有特色，如果同成熟的为配对雌雄养在同一圈内，就会诱发提早成熟，雌鸽会早产，有利于培养早熟种。

7．童鸽换羽

童鸽从 50 日龄左右开始换羽，第 1 根主翼羽首先脱落，以后每隔 15～20 天又换第 2 根，同时，副主翼羽和其他部位的羽毛也先后脱落更换。根据饲养观察，换羽期童鸽的生理变化较大，机体对外界环境的抵抗力较弱，容易引起疾病，如毛滴虫病和念珠菌病的发病率和死亡率都很高，还易引起球虫病、肠道等疾病的感染，应引起足够的重视。对换羽期的管理应做到以下几点。

① 提高饲料的质量。提高饲料中硫氨酸的含量及保健砂中的石膏和硫黄比例，以利于童鸽脱羽和长羽。

② 抗生素预防。此期的童鸽对外界的变化极为敏感，易产生应激反应和呼吸道因受刺激而引起细菌感染。通常用乳酸环丙沙星、氟哌酸 5％粉剂、土霉素等有效药物交替使用。做好鸽群疾病的防治工作，这是保证童鸽正常生长发育和提高成活率的关键。

③ 加强环境卫生。对食槽和水槽除每天清洗外，应定期进行消毒。及时清除粪便，清扫脱换的羽毛。对鸽舍及周围环境应定期进行喷雾消毒。经常对鸽舍灭虫、灭鼠，尽可能加强环境卫生，减少疾病的传播途径。

④ 加喂少量火麻仁、石膏、油菜籽等，将有助于换羽过程的

加速完成。

⑤ 冬天要注意保暖，在天气好的时候，要让童鸽晒晒太阳。

二、青年鸽的饲养管理要求

1．供应合理营养饲料

青年鸽的消化系统渐趋完善，食欲旺，对饲料利用率高，生长发育旺盛。此时应控制日粮中的能量和蛋白质含量，一般粗蛋白质含量达 14％即可。要防止长得过肥和性早熟。

2．保证清洁饮水

水对鸽子影响很大，缺水 12 小时以上，对青年鸽的生长将有不良影响；而缺水 36 小时以上时，将导致鸽体新陈代谢严重紊乱，死亡数上升。夏季高峰时一只青年鸽饮水可达每日 120 毫升，这也是鸽体抗热应激的有效反应。冬季一只青年鸽一般需饮水 50 毫升左右。

3 鸽舍要清洁

青年鸽舍要保持良好的通风换气，安静、干燥、卫生，无氨味。饲养密度不宜大。杜绝非生产人员进入生产区，不仅减少外来应激，也是减少疾病的措施之一。

4．合理光照

对于开放式饲养及半开放式饲养的鸽舍，自然光照即可，夏季给予适当遮阴。对于封闭式鸽舍，给予 7 小时光照，即可避免早熟和有利于后备种鸽的充分发育。

5．防止早配早产

青年鸽在 3～5 月龄时，活动能力及适应能力增强，转入稳定生长期，一些个体陆续出现发情。因此，3 月龄开始就应把雄、雌分群饲养，防止早配、早产，以免影响生产鸽的生产性能。

6．进行驱虫

在接近 5 月龄时，从生物学上讲，消化道的寄生虫在鸽体内正处于成虫阶段，极易驱杀。这时，应对所有青年鸽全部投药驱虫，并将排出的粪便彻底清扫出鸽舍，隔2周后再投药1次，较彻底驱除寄生虫。

7．选优去劣

青年鸽长到5月龄时，根据种用鸽的要求，将近亲繁殖的后代以及体重轻、体质差的个体及时淘汰，作育肥用。

三、生长鸽饲养管理中应注意的事项

1．选留优秀生长鸽

高质量的生长鸽应健康无病，成活率高，无新城疫、支原体、沙门氏菌等疫病的发生，生长发育良好，并且有本品种的特征，骨骼结实，体重在0.6千克以上。为避免近亲交配和便于建立系谱档案，被保留的童鸽必须套上脚环，做好原始记录，然后转入生长鸽舍单独饲养。

2．避免应激因素

童鸽由亲鸽哺育转为独立生活，环境和饲养条件变化较大，童鸽还不能很快适应，这时童鸽食欲低，易患病。因此，最初几天可将鸽放在育种床上饲养，10～15天后再转到铺有铁丝网或木板的地面上饲养，但不宜直接放到地面上，否则鸽胸腹部着地易引起下痢和其他疾病。在管理上应注意保暖，防止受凉。夏季注意通风、降温、防蚊，寒冷天气应注意预防贼风。降低饲养密度，以3对/平方米为宜；密度过高，会导致通风不良，诱发呼吸道疾病。

3．精心喂养

童鸽生长发育迅速，需要的营养丰富，而童鸽消化机能尚未健全，对饲料的消化能力较差，所以应供给优质细颗粒状饲料，饲喂前浸泡12～24小时；饮水中适量加入多种维生素及保健药物，以增加食欲、促进消化，同时要供给充足的保健砂。补喂蛋壳粉和贝壳粉，促进骨骼正常生长和增强肌胃的消化能力。

由于生长鸽不同的生长时期所需营养不同，所以应根据鸽的生长需要，合理配制日粮。1～2月龄时应增加蛋白质，促进鸽的发育，豆类饲料占30%、能量饲料占70%，每天3次，每只每天40克。3～4月龄时，鸽对环境逐渐适应，代谢旺盛，食量增加，鸽易出现过肥，此时应限制饲养，豆类饲料占20%，能量饲料占80%，每天喂2次，每次每只喂35克。5～6月龄时，发育进入旺盛期，此时要适当减少日粮中的能量饲料而增加蛋白饲料，豆类饲料占25%～30%，能量饲料占70%～75%，每天喂2次，每只每天喂40克。

4．安全度过换羽期

50～60日龄的童鸽开始换羽，第1根主翼首先脱落，以后每隔15～20天依次更换1根。换羽期的童鸽抵抗力较低，对气候变化敏感，易发生肠道和呼吸道感染，而出现下痢、咳嗽等症状。所以，此阶段除加强饲养管理、供给优质饲料、注意保暖外，还应在饮水或保健砂中加入强力霉素或环丙沙星等药物，以提高童鸽的成活率。

5．做好卫生与驱虫

生长鸽采食量大，排粪多，且群养，易造成鸽舍污染，应注意勤清鸽舍的垫料与粪便，并经常清洗水槽和料槽。由于生长鸽接触地面和粪便的机会多，易感染寄生虫，所以在3月龄和6月龄时应各驱虫1次。

6．配对

当生长鸽的10根主翼羽更换完后，生长鸽已性成熟，此时应选优汰劣，雌、雄配对，放进鸽笼饲养。

第三节　种鸽的饲养管理

配对繁殖的鸽称为种鸽。种鸽在不同的生长时期有不同的生理特征和生产任务，管理上应采取相应的技术措施。

一、新配对鸽的饲养管理

配对方法有自然配对（自由配对）和强制配对（人工配对）两种。自然配对又可分为大群自然配对和小群自然配对。自然配对就是鸽子在群体中自由选择对象。一般大群配对时间比小群要长，小群配对因为空间较小，接触机会多，完成配对的时间可大大缩短。自然配对适用于商品鸽生产场。强制配对，即人为地选择一对鸽子放在同一配种笼内，开始时在笼中间用铁丝网隔开，通过相望，建立感情，彼此不产生斗架现象时，便可抽出隔网片，配对即告成功。不论是自由配对还是人工配对的鸽子，都要戴上有编号的足环，足环编号和巢箱的编号要一致，同时作好记录。如果是人工配对的种鸽，相互建立感情仍然需要时间，一般 2～3 天。如果出现争斗行为，应及时隔离，隔离 3～4 天后，配对仍不可以的，则应重新配对，以免造成不必要的伤亡。对已经配对的鸽子要进行认巢训练。

认巢训练的具体做法是在每天上午和下午或每天下午喂食后，把关在巢箱里的鸽子放出来活动。上午 1 次放出后到下次给料前，重新赶回巢箱，并在巢箱内进食，如果不回巢箱，则将其捉回。下午放出后到晚上，如有不回巢箱的也捉回去。如此反复 3～4 天后，对个别不回巢的鸽子，应由饲养者驱赶或捉回。等到新配对的鸽子全部都能认巢后，就可让鸽子自由活动。对于自由配对的鸽子，只要将一方转入另一方鸽舍即可，不需要进行认巢训练。由于认巢训练颇费工时，设备条件要求又高，因此如果不是培育种鸽，而是用于生产商品肉鸽的鸽群最好进行自由配对，以减少认巢训练的时间。配对后的鸽子要注意供给新鲜的饮水和充足的保健砂，保证营养需求。将配好对的种鸽及时放入巢盘，有利于增强雌、雄鸽的感情，巩固配对。

二、孵化期的饲养管理

配对种鸽交配后 7～9 天开始产蛋。此时雄鸽在笼内周围积极寻找干草、羽毛等带进巢盘，雌鸽长时间蹲在巢中。这时应及早清洁巢盘，铺上软的垫草或麻袋片，让雌鸽产蛋。雌鸽每窝产2枚蛋，第1枚蛋下午5～6时产出，约隔46小时后，第3天下午3～4点产第2枚蛋。产蛋后亲鸽开始孵化，此时应把鸽舍用麻布适当遮挡，避免强光的照射和邻舍的干扰，使亲鸽专心孵化。温度对胚胎发育至关重要，冬季应注意保暖，夏季注意通风降温。在孵化期间要进行2～3次照蛋检查，将余下的发育正常的蛋并入孵化日期相同或差1～2天的其他笼中，按2枚蛋合并一窝，使不孵化的亲鸽尽快再产蛋，从而提高繁殖率。

如产1枚蛋或出现畸形蛋、软壳蛋、砂壳蛋时，则应认真寻找日常管理措施是否具备，保健砂的配合和供给方法是否合理，从而及时改进饲养管理方法和保健砂的质量，减少出现畸形蛋、软壳蛋、砂壳蛋。严寒和酷暑都直接影响蛋的正常孵化。如果天气寒冷，易引起早期胚胎死亡，应增加巢内垫料，鸽舍应保温，同时在饲料中适当增加能量饲料的供给量。而在保健砂中适当供给一些食糖，使种鸽产生足够的热能以御寒。如果天气炎热，易出现孵化后期死胚或出壳困难，所以应减少热料，加强鸽舍内的通风换气，降低舍内的温度，有条件的可以冷水喷洒屋顶和安装通风设备。

三、育雏期种鸽的饲养管理

育雏期的种鸽担负着哺育雏鸽的重要任务，需要的营养物质增加。此时应增加饲料的饲喂量，增加绿豆、豌豆、小麦等蛋白质含量高的饲料，供给优质新鲜的保健砂及清水。亲鸽日粮的粗蛋白不低于13%、粗脂肪不低于3%、代谢能不低于12552千焦/千克。

四、种鸽换羽期的饲养管理

种鸽每年秋季换羽1次，换羽期长达1～2个月。换羽期间，除个别高产鸽仍产蛋外，普遍停产。种鸽换羽有早有迟，换羽后开始产蛋的时间也有先后。为保证换羽一致，缩短换羽期，可在鸽群普遍换羽前限制饲喂量，待换羽高峰过后逐步恢复到原来的饲养水平，并在日粮中可加些火麻仁、向日葵仁、油菜籽和芝麻等有助于羽毛生长和恢复体力的饲料，以缩短换羽时间，促使早日进入生长期。群养鸽子中，如有个别鸽在换羽期仍边换羽边孵蛋育雏，应将其隔离饲养，给予全价日粮。在换羽期应注意原来配对的亲鸽因换羽的迟早和快慢的不同，可能分开而重新另找配偶，导致原有鸽群秩序的混乱，影响换羽后的正常生产。对无笼养鸽，只能等另1只鸽换羽完毕和发情时才能进入交配和产蛋，也不利于早日投入正常生产。因此，在采取促使鸽子在短期内集中换羽措施外，对发现另找配偶的鸽子应将原配对鸽子关起来，待到整个鸽群都已换羽完毕和进入交配产蛋阶段时再放出来。种鸽在换羽期普遍减产，有的种鸽换羽期比较长，最好利用这段时期对种鸽进行1次调整，全面检查种鸽的生产情况，结合档案资料，把生产性能差、换羽时间长、年龄较老的种鸽淘汰。从后备种鸽中选择体格健壮、体型优美的优良基因的青年鸽予以补充。同时进行体内外驱虫，消毒舍内外环境及鸽笼、巢盘、水槽等，给种鸽创造清新舒适的生产环境。

第七章

鸽病防治

第一节　鸽新城疫

鸽新城疫又称鸽Ⅰ型副黏病毒病。本病是由鸽Ⅰ型副黏病毒引起的一种急性、败血性传染病，以腹泻和脑脊髓炎为特征。本病传播迅速，死亡率高，一般可达到 $20\% \sim 80\%$，对养鸽业的危害极大。

一、病原

病原对外界环境抵抗力不强，对阳光很敏感，经紫外线照射或在 $100℃$ 条件下 1 分钟、$55℃$ 时 180 分钟可全部被灭。但较耐低温，在 $-20℃$ 中最少可存活 10 年，pH 值 $2 \sim 10$ 时感染性能够保留许多小时。许多杀病毒的化学药品均能很快使其失去感染性。

二、流行特点

该病毒毒力强，发病率高，所有品种、年龄、性别的鸽都容易被感染。传染方式是通过直接接触病鸽，或是间接接触被病鸽污染的饲料、饮水、场地、各种工具等传染给其他鸽，其中乳鸽最容易感染。本病发病没有明显的季节性，一年四季均可发生，冬春季节多发。此外，买卖、运输、乱屠宰病死鸽也是造成本病流行的重要原因。本病有时呈突然暴发性流行，造成鸽群大批、迅速死亡；有时则缓慢发生，使鸽不断地出现零星死亡。如有其他疾病合并发生，则死亡损失就会增加。饲养肉鸽户外运动少，饲养密集，空气不新鲜，其发病率比信鸽高。

三、症状

病鸽精神萎靡，翅膀下垂，羽毛蓬松，食欲减少，渴欲增加，嗉囊空虚，口角流出多量黏液；体温升高，呼吸困难，排青绿色或黄绿色稀粪；常出现腿麻痹、共济失调、头颈扭转、头向一侧歪斜、颈部脊柱向后弯曲、肌肉震颤等神经症状，最后衰竭而死。潜伏期较长，由6～14天至3～4周不等，甚至长达6周或更长。患鸽中约有10%～20%甚至50%以上可出现上述的神经症状。

四、诊断

根据临床症状和剖检结果，即可做出初步诊断。但做出确诊，必须以病原的分离与鉴定为依据。此外，还可用鸽血清进行红细胞凝集抑制试验，此法已成为检查本病和抗体监测的一种有效手段。此病应注意与神经型鸽副伤寒相区别。鸽副伤寒也表现有腹泻和神经症状，但鸽副伤寒还有表现关节肿大，呈散发性流行，发病和死亡都没有该病严重，且用氯霉素、庆大霉素及卡那霉素等可以治愈。

五、预防

1.加强卫生管理，防止病原体侵入鸽群

禁止从污染地区引进种鸽和雏鸽，也不要从这些地区购买饲料、设备等；禁止无关人员进入鸽场，并防止飞鸟和其他野生动物的侵入。在饲养管理上，应实行全进全出的饲养管理制度，以防病原体接力传染，还应定期带鸽消毒。

2.定期预防接种，增强鸽群的免疫力

免疫接种是控制鸽新城疫主要的预防方法，一般在乳鸽和种鸽中进行。乳鸽在5日龄可用鸽新城疫灭活油乳疫苗接种，每只颈部

皮下注射 0.5 毫升，隔 4 周再进行第 2 次接种，其保护率可达90%以上，以后每隔 3～4 月接种 1 次。进行预防接种，这是目前最主要的防制方法。预防接种常在乳鸽或种鸽中进行。

（1）给鸽注射疫苗要有两个人合作 一个人将鸽提住，使之不能挣扎，另一个人进行接种。提鸽时应轻握两翅，并将两腿拉向后。准备接种时，最好轻轻提住鸽的头部并把头向前拉，使颈伸直，以便易于提起颈部皮肤。注射部位应在颈部或稍低处。用拇指及食指捏住颈中线的皮肤向上提起成一个"囊"，如图 7-1 所示。

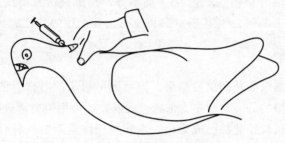

图 7-1　注射部位示意图

（2）一定要捏住皮肤，而不能仅抓住羽毛 自头部向体部方向把针头插入皮肤壁层之下。

（3）要确保针头穿透过皮肤 检查针头位置，轻轻摇动皮下的针头，如果针头插得太深，就会损伤颈肌并可能出事故。要保证针头不会从另一面穿透皮肤而出了"囊"外。注意羽毛上是否有油乳剂。每只鸽应在皮下注射 0.5 毫升的疫苗。注射完毕，拔出针头时其方向应与进针时相同。针头未完全拔出之前，小心别让鸽子挣脱。

六、治疗

鸽群发病后，可用鸽新城疫灭活油乳疫苗紧急接种，每只 0.5毫升。由于油乳疫苗产生抗体较慢，而活疫苗产生抗体较快，因此可同时应用鸡新城疫Ⅳ系疫苗，以 2～3 倍量饮水免疫。

第二节 鸽 痘

鸽痘是由鸽痘病毒引起的一种接触性传染病。本病传播缓慢，以体表无羽毛部位形成散的、结节状的增生性痘疹为特征，也可表现为呼吸道、口腔和食管部黏膜形成纤维素性坏死性假膜。对鸽子有严重的危害，尤其是乳鸽对本病特别敏感。严重的地方发病率达80％，死亡率可达10％左右。

一、病原

病毒大量存在于病鸽的皮肤和黏膜病灶中，对外界自然因素的抵抗力较强，上皮细胞屑片和痘结节中的病毒可抗干燥数年之久，阳光照射数周仍可保持活力，−15℃下保存多年仍有致病性。病毒对乙醚有抵抗力，在1％的甲酚或1：1000福尔马林中可存活10天，1％氢氧化钾溶液可使其灭活，加热50℃、30分钟或60℃、8分钟被灭活。

二、流行特点

本病各个品种和日龄的鸽均可发生，但以雏鸽和童鸽发病较多，成鸽发生较少。此病不受季节影响，一年四季均可发生，秋、冬两季最易流行，一般在秋季和冬初发生皮肤型鸽痘较多，在冬季则黏膜型鸽痘为多。病鸽脱落和破溃的痘痂是散布病毒的主要形式。本病主要经皮肤或黏膜的伤口感染，蚊虫是重要的传播媒介，蚊虫吸吮过病灶部的血液之后即带毒，带毒的时间可长达10～30天，其间易感鸽经带毒的蚊虫刺吮后而传染。或通过唾液、鼻分泌物和泪液，也可因接触含有鸽痘病毒的灰尘、被污染的饲料或饮水，以及鸽子互相接吻、打架、啄毛、交配等造成外伤，鸽群过分拥挤、通风不良、鸽舍阴暗潮湿、体外寄生虫、营养不良等均可促进本病的发生。

三、症状

本病自然发病的潜伏期为 4～14 天，根据病鸽的症状和病变不同，可将鸽痘分为皮肤型、黏膜型和混合型 3 种，偶有败血型。

(1) 皮肤型　在鸽体无毛或毛稀少的部位，特别是在眼睑、嘴裂、鼻瘤、泄殖腔、腿部、腹部等处，产生一种灰白色小结节，逐渐成为带红色的小丘疹，很快增大如绿豆大痘疹，呈黄色或灰黄色，有时和邻近的痘疹相互融合，形成干燥、粗糙呈棕褐色的大疣状结节，突出皮肤表面。痂皮可存留 3～4 周，以后逐渐脱落，形成灰白色疤痕。患本型病鸽表现为精神不振，毛松，重症者食欲下降或废绝，闭眼呆立，行走困难，反应迟钝，呼吸困难，可在 1 周内死亡。未死的可慢慢康复，病程 3～4 周，但生长、发育受到阻滞。

(2) 黏膜型　又称白喉型。本型鸽痘的主要病变在病鸽的喙部口腔和喉（咽）部的黏膜上。

病毒侵害口腔时，在黏膜表面形成一种蓝白色的小结节，稍突出于黏膜表面，以后小结节逐渐增大并互相融合在一起，形成一层黄白色干酪样假膜，剥离假膜则露出红色的溃疡面。随着病的发展，假膜逐渐扩大和增厚，阻塞在口腔和咽喉部位，致使病鸽呼吸和吞咽障碍，严重时嘴无法闭合。病鸽由于采食困难，体重迅速减轻，精神萎靡。侵害喉头时，在喉头的表面有黄白色的干酪样渗出物，将喉裂逐渐堵塞，病鸽呼吸困难，最后由于完全堵塞而窒息死亡。病毒侵害眼者，先是眼结膜发炎，眼和鼻孔中流出水样分泌物，以后变成淡黄色的黏稠分泌物。时间稍长者，上下眼睑黏合在一起，病鸽的眼肿胀，严重者可致眼失明。

(3) 混合型　本型是指皮肤型鸽痘和黏膜型鸽痘同时发生，病情严重，死亡率高。根据病鸽病状特征，结合流行特点，即可对本病做出初步诊断。要确诊，必须在实验室中，以病鸽的病料处理后接种健康鸽，出现同样症状，或使用荧光抗体等待异性免疫进行诊断。

（4）败血型 在发病鸽群中，个别鸽无明显的痘疹，只表现为下痢、消瘦、精神沉郁，逐渐衰竭而死亡。

四、诊断

根据病鸽的眼睑、鼻瘤和嘴裂等无毛部分有结痂病灶，或口腔、咽喉部分有不易剥离的干酪样假膜，可初步做出诊断。确诊需进行实验室检查，将病变黏膜进行组织切片镜检，观察细胞浆内是否出现包涵体做出诊断。

五、预防

① 平时注意改善环境条件，定期消毒，加强饲养管理，清除积水，消灭蚊子，经常清除鸽舍周围的杂草及小水坑，并对鸽舍内外阴沟及角落喷洒敌敌畏（浓度为 $0.05\%\sim0.1\%$）灭蚊蝇，以清除蚊子等传播鸽痘病毒的媒介昆虫。及时隔离病鸽，焚烧患鸽的痘痂和死鸽。

② 接种疫苗。预防本病最可靠的办法是接种疫苗。一般宜在春末流行季节前，应用鸽痘弱毒苗接种。通常接种乳鸽和童鸽，1日龄的乳鸽就可开始接种，且无任何不良反应。接种后 10～14 天便可产生坚强的免疫力，经 9 个月仍能抵御强毒的攻击。

接种方法有毛囊法和翼膜刺种法。

a. 毛囊法。在鸽腿部外例拔除 5～6 根毛，然后用小毛刷蘸取经 1∶10 稀释的疫苗液涂擦。

b. 翼膜刺种法。2 人操作，1 人提鸽、张开翅膀，拔去翼膜上羽毛，1 人拿注射器，按要求加入生理盐水或冷开水把疫苗稀释。稀释后抽入注射器内，接上 5 号针头，先滴 1、2 滴疫苗液于翼内侧无血管处，再用针头连刺 2～3 次即可（其他鸽可接种在鸽的鼻瘤上；乳鸽不宜接种在鼻瘤上，以免鼻上有刺损而在采食亲鸽嗉囊乳时引起感染）。

接种时最好先用少量试种，若试种后，鸽出现剧烈的全身感染，应停止使用。接种 7～10 天后，检查刺种部位是否出现痘疹和结痂，有反应者表明接种成功，但反应不宜太大，以针头大小为好。如无反应，应再重复接种 1 次。接种后可使 80％以上的鸽不发此病。此法安全、高效、简便易行，应用越早越好，最好能在发病季节出壳当天接种。不必天天如此，只要 5～7 天定期接种 1 次便可，既省工易行，又不会漏种。

六、治疗

本病没有特效药物。如出现病鸽时，在初期可用疫苗紧急接种，予以控制。同时采取以下措施。

① 病鸽要及时隔离治疗。用镊子或剪刀剥去痘痂，用 2％～4％的硼酸水洗涤，再涂上碘酊或紫药水，未干枯的痘可进行烧烙。

② 病鸽喉部的伪膜（沉积物）小心除去后，再用稀碘液清洗患部；口腔病变涂碘甘油；皮肤患部涂碘酊或鱼石脂软膏均可。对眼结膜炎引起的肿胀可将蓄积的干酪样物挤出，再用 2％硼酸溶液冲洗，并涂上金霉素眼膏，或滴入氯霉素眼药水，每天 1 次，连用 7 天，一般都能康复。

③ 防止病鸽发生细菌继发感染。可在饮水中添加 0.02％的金霉素，连服 1 周或在 1 升饮水中加入 0.8 克泰乐菌素，连服 4 天；也可在饮水中添加强力抗或一服灵（949），每瓶分别加水 25 千克或 50 千克，需要多少稀释多少，任其自由饮用 3～5 天。

④ 为增强机体抵抗力，保护皮肤和促进伤口愈合，用 0.08％～0.1％氯霉素或 0.04％金霉素、四环素均匀拌入饲料（或放入饮水中，其浓度减半）进行饲喂，或在保健砂和饮水中倍量增加多种维生素。

⑤ 大群肉鸽的治疗可用病毒灵（盐酸吗啉双胍）原粉，按每 100 只鸽子 2.5～5 克剂量加水或加饲料内服，连用 3～5 天；或口服，每只 0.01 克，每天 3 次，连服 5 天。

⑥ 中药治疗。

方一：金银花、连翘、紫草各 6 克，当归、黄芪各 10 克，白芍药、牛蒡子、僵蚕各 3 克，甘草 2 克。适用于黏膜型鸽痘，以解毒、助气、催浆为主。

方二：当归、黄芪各 12 克，金银花、紫草各 6 克，赤芍药 5 克，甘草 3 克。适用于混合型鸽痘，以补气养血解毒为主。

方三：龙眼根、僵蚕各 3 克，牛蒡子、甘草、赤芍药、葛根各 6 克。适用于皮肤型鸽痘，以表透毒邪外出为主。

方四：金银花、板蓝根、大青叶各 20 克，煎汤去渣，饮服或喂服，每次每只 3 毫升。

方二、方三、方四的用量均以 100 只幼鸽计算，煎水、拌料，群体投服。

⑦ 驱逐吸血昆虫。晚上在鸽舍内点燃蚊香，同时在鸽舍内外喷洒 3% 福尔马林溶液，3 天 1 次，直至痊愈。

第三节　鸽腺病毒感染

一、病原

鸽腺病毒感染亦称鸽腺病毒病。潜伏期较短，为 24～48 小时。世界各地都有发生。

二、流行特点

本病可通过种蛋作垂直传递，也可通过直接或间接接触（如接触饲料、饮水、粪便及其他污染物）而水平传播。发病率约 30%，但也可高达 100%。

三、症状

该病可在各种日龄的鸽中发生，且不分季节，症状表现轻微，即使病鸽感染后 1～2 天全部死去，症状也不明显，或仅有呕吐、排黄色稀粪而已。但肝的肉眼病变明显：肿大、变黄、苍白，带红色光泽。肝及骨骼肌或可见有出血斑点。

四、诊断

会突发性腹泻及呕吐，腹泻物与呕吐物中均带浅紫色，且有用药史；后者可从饲料、饮水或食具、饮具中找到病因。

五、预防

对本病目前既无特效药可治疗，也无现成疫苗可预防。如鸽群发生本病，可用患鸽的脏器制成组织灭活苗进行紧急接种，或试用病毒灵、病毒唑及多种维生素，再结合投抗菌药预防伴发病。此外，场内外环境、用具均应做反复、彻底的消毒，这是必不可少的。

第四节 鸽副伤寒

鸽副伤寒是指除鸡白痢和禽伤寒以外，由其他沙门氏菌所引起的疾病的总称。各种鸽均能感染，主要发生在幼龄鸽，可造成大批死亡，在成年鸽则为慢性或隐性感染，以下痢、关节炎、神经系统功能失调为特征。

禽副伤寒遍及世界各地，是重要的细菌性传染病之一。它可使各种幼禽大量死亡，给生产造成巨大损失。鸽副伤寒在大多数情况下，不像其他家禽那样只限于2周龄内，尤其是6～10日龄的幼禽，而主要是以1岁以下的鸽为危害对象，也可在成年鸽中发生，并常呈急性经过，是鸽常见的、多发的重大细菌性疾病。鸽副伤寒可单独出现，也可与其他疾病伴发。病愈鸽的生长发育受阻，更严重的是常成为长期带菌者，不时向外排菌，散布病原，使此病连绵不断，难以彻底消灭。

一、病原

鸽副伤寒沙门氏菌群在自然条件下容易生存和繁殖，是本病易于传播和流行的一个重要因素。对热及常用消毒药物敏感，加热

60℃、5分钟即死亡，一般消毒药物对其都有效。在干燥粪便中能较长时间存活，在垫料、饲料中可存活数月至数年。可经蛋（卵黄及蛋壳）传给后代，也可经生殖道、呼吸道、眼结膜、损伤的皮肤及消化道传播。场内人员、用具、禽鸟及其他动物，也可成为传播因素。饲养或野生的动物如猫、鼠，既是普遍的带菌者，又是重要的传染来源。

二、流行特点

病鸽虽经治疗可治愈，但时间较长，会成为永久带菌者。各个日龄的鸽均可感染，但以幼龄鸽最易感染；成年鸽可呈隐性感染而成为无症状的带菌者，并通过粪便间歇地向外排菌而危害全场的鸽群。带菌的雌鸽若卵巢和输卵管内有病菌繁殖，病菌可从生殖道直接进入蛋中，引起危害。新产的热蛋，蛋壳表面沾污带菌的鸽粪，或者与巢盘中污染病菌的垫料接触后，当蛋冷却时，就将病菌经蛋壳上的细孔吸入蛋内，病菌进入蛋内后，就在蛋黄中迅速生长繁殖，然后侵入正在发育的胚体中，导致死胚、弱胚。带菌或患病的亲鸽，通过哺喂鸽乳或饲料而把病菌传给乳鸽，通过污染的饲料和饮水以及亲吻也可传播本病。本病也可以通过鼠类、蚊虫、苍蝇而传播。常与鸽I型副黏病毒病、毛滴虫病、败血霉形体病合并发生，以致造成更为严重的损失。

三、症状

病鸽体温升高达 42.5～43.5℃，羽毛松乱，尾羽下垂拖地，缩颈呆钝，倦怠嗜睡，鼻瘤污浊，呼吸困难，食欲降低，排绿色水样粪便，粪便中常有泡沫，肛门周围的羽毛常污染稀粪。侵害关节者，可引起关节红肿疼痛。当前肢关节受害时，患鸽翅膀下垂。当踝关节被侵害时，患鸽表现跛行，独立一隅，不愿移动，常将患腿提起以解除负重，有时病鸽呈独脚跳跃或短步急行。少数病例可出现神经症状，病鸽脚趾痉挛，步态蹒跚，头颈扭转或头向后仰，做圆圈运动；有时病鸽颤抖，倒地抽搐，呈阵发性发作。

四、诊断

本病潜伏期 12～18 小时或稍长。幼鸽常呈急性败血经过，死亡率不定，可从不足 5％到 30％或更多。随着发病年龄的增大，病状也趋向缓和而成为亚急性、慢性或隐性经过。本病有肠型、关节型、神经型、内脏型之分，这些类型既可单独出现，也可混合发生。

1．肠型

本型主要表现为消化道机能严重障碍，病鸽精神呆滞，食欲不振或废绝，毛松，呆立，头缩，眼闭，排水样或黄绿色、灰绿色带泡沫的稀粪，粪中夹杂有被黏液包裹的食料，发出恶臭。肛门附近羽毛有粪污。病鸽迅速消瘦，多在 3～7 天内死亡。

2．关节型

当肠型病鸽进一步发展时，病原透过肠壁进入血流，形成菌血症，再转到关节等其他部位而引起这些部位的炎症。受累关节红肿、发热、疼痛、机能障碍，在肢体关节尤其足踝、肘关节更为多见和明显。病鸽为了减轻疼痛，常垂翅或提腿，以减轻患肢负重。

3．神经型

病鸽因脑脊髓受病原损害而表现出共济失调，头、颈歪扭，或头部低下、后仰、侧扭等神经症状。较少数鸽患本型。本病可分急性和慢性两种。

（1）急性型 病例主要发生于幼鸽，常在孵出后数天内发生，往往未发现明显症状就死亡。一般病鸽表现精神委顿，食欲减退或消失，口渴，呼吸加快，呆立，低头闭眼，流眼泪，眼睑浮肿，鼻瘤失去光泽，翅下垂，怕冷。拉稀，尾部常被粪便污染；粪便灰绿色并带恶臭，周围有泡沫状的黏液和水。

（2）慢性型 多发生于成年鸽。病鸽表现下痢带血，消瘦，常有关节肿胀、翅膀和腿麻痹，一翅下垂不能飞翔，关节炎多发生于肘关节和胫跗关节，且多呈单侧性，病鸽活动时表现单脚站立，独脚跳跃或短步急行。有的雄鸽还有单侧性睾丸炎，炎症一侧肿大一至数倍，或见点状坏死灶。有些病鸽还见运动失调、步态蹒跚、打滚、歪头、头颈扭转等神经症状。

4. 内脏型

病鸽体内单一或多个脏器受损害，一般无特殊症状。严重时可见病鸽精神不振，呼吸困难，日渐消瘦，病情迅速恶化，病程也较短。

五、防治

1. 预防

应着重加强饲养管理，严格执行隔离检疫和消毒制度，做好鸽场的环境消毒工作；不要从有本病的鸽场引入种鸽。必须引进时，应隔离观察2周以上；鸽群最好不与家禽混养，也不能相邻饲养，以免引起其他疾病。患过本病的雏鸽，不能留作种用，以防经鸽蛋传播。

2. 治疗

发现病鸽要立即隔离，全场消毒。一般可用20%新鲜石灰乳消毒地板、鸽舍等，每天1次，至疫情停息再做1次全面大消毒，用1∶400抗毒威或其他常用消毒药物均可。不让病鸽粪便污染饲料、饮水和保健砂。药物治疗可减少死亡，控制疾病的发展和传播，但不能消除鸽体内的病原菌。选用下列药物治疗，可有较好疗效。

① 大群治疗。用一服灵（949），每瓶100毫升加水50千克，饮服或拌饲料服3～5天；个别或少数病鸽治疗时，可肌内注射，按每千克体重注射0.1～0.2毫升，一般1次即愈。有的可隔天重注1次，疗效显著。

② 金霉素。每天每只15毫克，分3次口服，连服4～5天；或以0.2%比例均匀混于饲料中，喂服5～7天。

③ 氯霉素。每只每次 15 毫克，每天 3 次，连服 4～5 天；或以 0.2％比例均匀混于饲料中饲喂，连喂 5～7 天为 1 疗程。

④ 2％环丙沙星预混剂 50 克，均匀拌入 20 千克饲料中喂服 2～3 天。

⑤ 氟哌酸。按 0.007％～0.01％比例均匀混于饲料，连服 3～5 天。

⑥ 痢特灵（呋喃唑酮）。按 0.01％～0.02％浓度混饮，连服 3～4 天；或按 0.02％～0.04％比例均匀混于饲料中，喂服 4～5 天。

⑦ 用强力抗治疗剂，每小瓶加水 25 千克，自由饮服 3～5 天。

⑧ 庆大霉素。按每千克体重 8 毫克，肌内注射。

⑨ 磺胺嘧啶加上抗菌增效剂（5：1）。按 0.5％比例均匀混于饲料中，连用 5 天。

⑩ 链霉素。口服，第 1 天每只 16 万单位，以后每只每天 8.5 万单位，每天分 2 次，连服 3 天。

⑪ 其他。如壮观霉素、新诺明、卡那霉素、乳酸诺氟沙星、奥福欣等都可应用。

本病除在发病期间给鸽群用药外，在疾病被控制后，平时仍需作定期预防性投药和做好消毒工作，尤其是笼内用具的消毒，以减少经蛋传递的机会。

第五节　鸽大肠杆菌病

鸽大肠杆菌病是由大肠埃希氏杆菌（通常称大肠杆菌）的某些致病菌株所引起的一类疾病，它包括大肠杆菌肉芽肿和大肠杆菌腹膜炎、滑膜炎、脐炎、脑炎、输卵管炎、气囊炎，还有大肠杆菌急性败血症。

一、病原

本病的病原是有致病力的大肠埃希氏杆菌，是一种革兰氏阴性小杆菌，致病菌菌体较大。此3种菌对理化因素的抵抗力不强，常用的消毒药如石炭酸、福尔马林等的常用浓度，作用5分钟均可将其杀死。

二、流行特点

各品种、年龄的鸽都可感染，但以幼鸽的易感性最强。感染途径以呼吸道最为多见，其次是消化道，也可通过蛋传递途径感染后代。

三、症状

潜伏期约数小时至3天，常见以下几种类型。

(1) 急性败血型　病鸽表现精神沉郁，食欲、渴欲减少或废绝，羽毛松乱，呆立一旁，流泪，流涕，呼吸困难，排黄色粪便或黄绿色粪便，全身衰竭。最急性病例突然死亡，有的临死前出现仰头、扭头等神经症状。剖检可见特征性病变是心包炎、肝周炎及腹膜炎，气囊覆盖有淡黄色或灰黄色纤维性分泌物，肝肿大，质地较紧实，有时有古铜色变化。

(2) 大肠杆菌性肉芽肿型　此型的病状只是一般性的、并无特征性病变。剖检较明显的肉眼变化是胸腹腔脏器出现大小不等、近似枇杷状的增生物，有的呈弥漫性散布，有时则密集成团，灰白、红、紫红、黑红色不等，切开可见内容物为干酪样，各脏器为不同程度的炎症。

(3) 其他类型　均是由大肠杆菌的局部感染引起的病灶，其炎症至化脓坏死，干酪样渗出等变化。如腹膜炎，一般以雌鸽的卵黄性腹膜炎为多，以大肠杆菌破坏卵巢，造成蛋黄进入腹腔而导致腹膜炎较为常见。剖检可见腹水较多，腹腔内布满蛋黄凝固的碎块，使肠系膜、肠环相互粘连，卵巢中正在发育的卵泡充血、出血，有的萎缩坏死。如脐炎，主要是大肠杆菌与其他病菌混合感染造成的雏鸽脐炎，出雏提前，脐带断痕愈合不良，引起感染致局部红肿发炎或破溃。剖检可见脐部脓性分泌物及心包炎，心包膜混浊、增厚、与心外膜粘连。

四、诊断

根据临床症状、流行特点和剖检变化诊断。因本病有多种表现型，而且炎症也较多，应进行病原的分离和鉴定。大肠杆菌染色镜检为革兰氏阴性小杆菌。

诊断本病时，急性败血型造成多个脏器的纤维素性炎症与鸽衣原体病、链球菌病应做鉴别诊断，后者常有皮下、肌内、浆膜水肿及龙骨皮下有血样液体，鸽衣原体病还有单侧性眼炎发生。

五、防治

1．预防

主要是平时做好卫生防疫工作，加强饲养管理，定期投喂预防药。同时可接种禽大肠杆菌多价苗或病鸽分离的大肠杆菌所制的菌苗。为减少场内污染，倘若用菌苗，尽可能选用相应的血清型灭活菌苗。

2．治疗

本病可用以下药物治疗。

① 一服灵（949）。采用 1：400 比例均匀混饮，连用 3～5 天。

② 环丙沙星与氨苄青霉素混饮。本配方为环丙沙星（指纯品）3.5 克，氨苄青霉素 10 克，以上两药混合配饮水 50 千克，自由饮服，连用 4～5 天。

③ 恩诺沙星。以 0.005％浓度混饮，冬季宜增加至 0.006％，全日饮服 3～5 天。用于雏鸽在出壳后饮 5 天，停 3 天，再饮 5 天。

④ 药敏试验后，可选用下列药物。

a. 卡那霉素。肌内注射，每只每次 4～8 毫克，每日 2 次，连用 2～4 天，饮水，按 0.003％～0.012％浓度自由饮用，连用 2～4 天。

b. 链霉素。肌内注射，成年鸽每只每次 20～40 毫克，幼鸽每只每次 10～25 毫克，每天 2 次，连用 2～3 天；与青霉素每只每次

2万～4万单位合用，能加强疗效。

c. 氯霉素。肌内注射，每只每次 10～15 毫克，按 0.08％～0.1％浓度饮水，连用 2～3 天。

d. 奇异霉素。肌内注射，每只每次雏鸽 1～2 毫克，每天 1 次，连用 2 天。

e. 庆大霉素。饮水按 0.03％～0.04％浓度，连用 3～5 天。

第六节　鸽曲霉菌病

鸽曲霉菌病是常见的一种真菌病。本病的特征是呼吸道发生炎症和形成小结节，故又称为霉菌性肺炎。本病主要发生于幼鸽，呈急性暴发，发病率和死亡率都较高。

一、病原

本病的主要病原是烟曲霉和黄曲霉，此外，黑曲霉、赭曲霉、土曲霉、灰绿曲霉等也有不同程度的致病性。曲霉菌对营养要求不严格，在组织及培养基中能产生毒素，这种毒素具有血液毒、神经毒和组织毒。

二、流行特点

曲霉菌及它们所产生的孢子在自然界中分布广泛，鸽通常是因接触发霉的饲料、垫料、用具而感染。幼鸽的易感性最高，常为群发性和呈急性经过。污染的垫草、木屑、空气、饲料是引起本病流行的传染媒介，幼鸽通过呼吸道和消化道而感染发病，也可通过外伤感染而引起全身发病。卫生条件差、饲养管理不良是引起本病暴发的主要诱因。

三、症状

幼鸽开始减食和不食，嗜睡，头颈伸直，张口呼吸，不断打喷嚏，眼、鼻流液，吞咽困难，消瘦，嘴的上颚处有黄色豌豆大结节，常会造成食道、气管阻塞，导致窒息死亡。

四、病理变化

肺部病变最为常见，肺、气囊或胸腔浆膜上有针头大至米粒或绿豆粒大小的结节。结节呈灰白色、黄白色或淡黄色、圆盘状，中间凹陷，切开时内容物呈干酪样，有的相互融合成大的团块。肺脏上有多个结节时，可使肺组织质地坚硬、弹性消失。嘴的上颚处有黄色结节。严重的在病鸽的肺、气囊或腹腔浆膜上有肉眼可见的成团霉菌斑。

五、诊断

根据流行特点、呼吸道症状及剖检变化即可做出初步诊断。如要确诊，可在无菌条件下采取肺脏结节的一小部分放在玻片上，用25％氢氧化钾浸泡将材料分离，盖上盖玻片，在火焰上缓缓加热后检查渗出物是否有菌丝。

六、防治

1．预防

主要是不用霉变的饲料和垫草，加强饲养管理，及时清除鸽巢的发霉垫革，停喂发霉变质的饲料，保持鸽舍干燥清洁和空气流通，避免饮水污染。购买饲料时要随用随购，不宜久藏，保持新鲜可口；饲料堆放的地方要求通风和干燥；坚持对鸽舍及用具等经常或定期清洗消毒，并保持环境清洁卫生；有本病的鸽场更要每天清洁消毒饮水器和料槽，以消灭病原体，防止本病的扩展。尤其在梅雨季节更应重视。避免进料过多、存放时间过长或被雨水淋湿受潮。如已发生本病，除进行全疗程药物治疗外，还应每天进行鸽舍、环境、用具的消毒。病死鸽及其污染物均应小心集中，统一做无害化处理。在以后的一段时间内，结合具体情况，进行适时的预防性投药。

2．治疗

本病的治疗可选以下药物。

① 制霉菌素。每只3万～5万单位拌料喂服，每天2次，连用5～7天。

② 克霉唑。每100只用1～2克均匀拌料喂服3～5天；或用1%～5%克霉唑软膏外用，效果好。

③ 洁尔阴溶液。用洁尔阴溶液涂擦数次即愈。

④ 硫酸铜。可用1∶2000比例在饮水中添加硫酸铜饮服，以防本病蔓延。

⑤ 5%碘酒。预防本病可用1∶1500的碘溶液作饮水，方法是用5%的碘酒2毫升加入1480毫升水。

⑥ 有眼炎的鸽子可选用四环素或氯霉素眼药水滴眼，每日2～3次。

第七节　鸽毛滴虫病

鸽毛滴虫病又称口腔溃疡，亦称为"鸽癀"，是鸽的常见病之一。最常见的特征变化是口腔和咽喉黏膜形成粗糙纽扣状的黄色沉着物。主要危害幼鸽，可引起很高的死亡率。成年鸽往往带虫而不表现症状。

一、病原

本病的病原是毛滴虫。虫体呈卵圆形或椭圆形。前端有4条能游动的鞭毛，有一根细长的轴刺，波动膜较短。目前大约有60%以上的鸽子是本病的传播者。由于许多成年鸽是无症状的带虫者，常成为其他鸽子特别是乳鸽的传染源。本病主要是接触性感染，通过亲鸽哺乳幼鸽而直接传染；成年鸽在婚恋接吻时受到感染；健康鸽也可通过饮用被污染的饲料和饮水而被感染。脐部毛滴虫病主要是由于附在鸽巢内的毛滴虫通过尚未闭合的脐孔，进入到鸽的脐部而引起发病，以2～5周龄的乳鸽、童鸽发生本病最为多见，且病情亦较严重。此外，当饲养管理不善、突然供给低劣饲料、首次换羽等，都可促使本病加重。

二、症状

许多幼鸽从带虫的雌鸽获得母源抗体而得到保护，最初几天能健康生存。而急性型病例通常发生于 6～15 日龄的幼鸽，感染后10 天左右死亡。乳鸽、童鸽感染后表现为精神萎靡、羽毛松乱、食欲减退、消化紊乱，导致腹泻和消瘦，饮水量大，口腔分泌物增多且黏稠、呈浅黄色；呼吸受阻，有轻微"咕噜咕噜"声；下颌外面有时可见凸出，手触之可摸到黄豆大小的硬物。严重感染的幼鸽会很快消瘦，4～8 天内死亡。根据本病的症状，可分咽型、内脏型等。

1．咽型

最为常见，也是危害最大的一型。由于摄入大量尖利的谷物和较粗的砂子造成黏膜破损，促进病原侵入黏膜而感染发病。发病后病鸽口腔流出青绿色的涎水，嗉囊塌瘪，伸颈做吞咽姿势，口中散发出恶臭味。在鸽的咽喉部可见浅黄色分泌物，或有界限明显呈纽扣大或黄豆大干酪样沉着物，有些病鸽的整个鼻咽黏膜均匀散布一层针尖状病灶，在不同程度上妨碍鸽子采食、饮水和呼吸。病鸽常常张口摇头，使劲从口腔中甩出堵塞物——浅红色黏膜块或黄色黏膜块，像常用的胶水一样，连续不断地甩，直甩得两眼潮湿流泪，难受不堪。

2．内脏型

鸽食入被污染的饲料和水而被感染。常表现为精神沉郁，羽毛松乱，食欲减少，饮水增加，有黄色黏性水样的下痢（似硫黄色，带泡沫），龙骨似刀，体重下降。随着病情的发展，毛滴虫还侵袭鸽的内部组织器官。剖检病变，在上消化道时，嗉囊和食道有白色小结节，内有干酪样物，嗉囊有积液。肝脏、脾脏的表面也可见灰白色界线分明的小结节。在肝实质内有灰白色或深黄色的圆形病灶。但白喉（黏膜）型的鸽痘、鸽念珠菌病的喉部病变与本病相似。鸽沙门氏菌病和鸽结核病的肝、脾小结节也与本病相似，应区分清楚。

三、病理变化

用镜检鉴别诊断本病与鸽痘、鸽念珠菌病，是最可靠的方法。本病的确诊可用药棉拭取口腔、咽部或嗉囊的黏液或刮取黄白色聚集物，进行涂片镜检，如在显微镜下清晰地见到毛滴虫，就可确诊。本病的肝呈黄色，有界限明显、深入肺实质中的结节。这是本病与鸽沙门氏菌病和鸽结核病出现肝病变的不同之处。

四、防治

1．预防

加强饲养管理，做好清洁卫生。及时治疗病鸽和带虫鸽。幼鸽与成年鸽分开饲养。

2．治疗

发现病鸽和带虫鸽应隔离饲养，并用以下药物治疗。

① 以 0.05％浓度的结晶紫溶液或 0.06％浓度的硫酸铜溶液饮水，连用 1 周。可以作预防和治疗之用。

② 二甲硝咪唑（达美素）。按 0.05％浓度混入饮水中，连续饮用 3 天，间隔 3 天，再用 3 天，中间用痢特灵以 0.02％浓度混入饮水饮用 2 天。其目的是杀死细菌，断绝毛滴虫的营养源。

③ 甲硝哒唑（灭滴灵）。以 0.05％浓度灭滴灵溶液饮水，连用 7 天，停服 3 天，再饮 7 天，效果较好。

④ 硫酸铜。按 1：2000 水溶液作饮水，连用 3～5 天，对鸽的上消化道毛滴虫具有抑制作用。

⑤ 碘液。按 1：1500 水溶液作饮水，连用 3～5 天。

⑥ 10％碘甘油或金霉素油膏涂在已除去了干酪样沉积物的咽喉溃疡面上，效果很好。

⑦ 鸽滴净。以 0.1％鸽滴净水溶液饮水，连用 2 天，疗效显著。

第八节 鸽羽虱病

羽毛虱是一种昆虫，属节肢动物门、昆虫纲、食毛目，是鸽常见的外寄生虫。它们寄生在鸽的体表或附于羽毛、绒毛上，严重影响鸽群的健康和生产性能。

一、病原

羽毛虱个体较小，一般体长 1.8～2.7 毫米，呈淡黄色或淡灰色，头部一般比胸部宽，上有 1 对触角，由 3～5 节组成；有 3 对足，无翅。虱的一生均在鸽体上度过，属永久性寄生虫。其发育为不完全变态，所产虫卵常结成块，黏附于羽毛上，经 5～8 天孵出幼虫，外形与成虫形似；在 2～3 周内经 3～5 次蜕皮变成成虫。虱的寿命只有几个月，一旦离开宿主它们只能存活数天。

二、症状

羽毛虱以羽毛蛋白和羽毛粉末为食物，有时也吞食皮肤损伤部位的血液。寄生量多时，鸽体奇痒，啄痒造成羽毛断折、脱落，影响休息；病鸽消瘦，生长发育受阻。

三、防治

1．预防

做好环境卫生，对鸽舍、鸽巢、运动场及用具进行消毒。

2．治疗

防治本病发生的首要措施是引进的种鸽须检疫，不购买有羽虱寄生的鸽群。一旦发现有羽虱，应行隔离。治疗可用以下药物。

① 5％溴氰菊酯（敌杀死）。用 200 倍水溶液喷洒环境，500 倍

水溶液喷洒鸽体。

②　2％洗衣物水溶液。喷洒鸽体及环境。

③　烟草（烟叶或烟叶梗）水。烟草与水按1∶3的比例浸泡2～3小时，用浸出液喷洒环境。

④　灭害灵。用250倍水溶液喷洒环境。

⑤　速灭杀丁。用0.3％水溶液喷洒环境。

⑥　氯氰菊酯。用0.006％水溶液喷洒环境。

上述药液第一次喷洒后，应在7～10天后再重复喷洒1次。事后还需从鸽体上检查防治效果。

第九节　鸽有机磷农药中毒

有机磷是农业上应用广泛的一大类高度脂溶性杀虫剂，对禽、畜、人都有毒性作用。这类杀虫剂种类较多，是神经毒类杀虫药。常分为以下3类。

(1)　剧毒类　如内吸磷（1059）、对硫磷（1605）、甲拌磷（3911）、甲基对硫磷、八甲磷等。

(2)　强毒类　如甲基内吸磷、敌敌畏（DDVP）等。

(3)　低毒类　如敌百虫、乐果、马拉硫磷（4049）等。

剧毒类有机农药中，以内吸磷的毒性最大，成人内服0.5滴便可发生中毒，2～3滴即可引起死亡。其次是对硫磷。这两种农药严禁用于灭蝇、蚊、蚤、臭虫，也禁止用于毒鼠、毒鱼或毒鸟兽。

一、病原

使用被污染的饲料或水源；鸽误食被毒死的害虫或小动物；饲喂有机磷残留量大或刚施药不久便收获的作物饲料；体外驱虫选药不当或用量过大，以及使用方法不对。

二、症状

急性中毒时，病鸽表现为无目的地飞动或奔走，食欲下降或停止，流泪、流涕或流涎，瞳孔缩小，呼吸困难，可视黏膜暗红，精神沉郁，颤抖，排粪频繁，头颈尽量向腹部弯曲。后期卧地，抽搐，昏迷，最后死于衰竭。体温多属正常。剖检时，可见皮下或肌内有点状出血。上消化道内容物有大蒜味、胃肠黏膜有炎症。喉、气管内充满带气泡的黏液，腹腔有积液，肝、肾呈土黄色，肺淤血、水肿，心肌及心冠脂肪有出血点。

三、防治

停止使用可疑饲料或饮水，以免毒物继续进入鸽体。清除毒物，如冲洗鸽体表的残留药，喂服硫酸镁或蓖麻油、硫酸钠、石蜡油、生油等下泻药。给每只鸽注射硫酸阿托品 0.2 毫升，以缓解胃肠道痉挛及拮抗瞳孔的缩小。

以下为使用有机磷中毒的特效解毒剂。

（1）解磷定　每千克体重 0.2～0.5 毫升（8～20 毫克），1 次肌内注射，也可静脉注射。此药除对敌百虫、敌敌畏、乐果及马拉硫磷中毒的疗效较差外，对其他有机磷中毒的疗效均较好。

（2）氯磷定　疗效高，副作用小，水溶性好，肌内注射或静脉注射，用量可参考解磷定。

（3）双复膦　按每千克体重 40～60 毫克，皮下或肌内注射。

（4）樟脑磺酸钠　按每千克体重 0.2～0.5 毫升的量，皮下注射，以增加中枢神经的兴奋性。

（5）硫酸阿托品　肌内注射，每只 0.1～0.2 毫升（每毫升含 0.5 毫克），可缓解经口摄入的有机磷中毒引起的胃肠痉挛。

平时应注意有机磷类农药的用法、用量和安全使用的要求，保护场舍周围环境及饲料免遭此类农药的污染，及时清理被毒杀的害虫和小动物，以免使饲料和饮水受到污染。

第十节　鸽维生素 D 缺乏症

维生素 D 又称钙化醇，种类较多，其中有营养意义的是维生

素 D_2 和维生素 D_3。前者是植物收获后经晒干，从维生素 D_2 原转化来的；后者是鸽的皮肤及羽毛经日光中的紫外线照射，从维生素 D_3 原转化来的。维生素 D 与钙、磷代谢有关，能使钙、磷在酸性环境下易于溶解、吸收并沉积于骨骼组织中，有助于骨骼的生长、发育。因此，维生素 D 不足或缺乏，最易引起幼鸽骨骼发育不正常、畸形及成年雌鸽产异形、软壳或薄壳蛋。

一、症状

幼龄鸽缺乏时，食欲尚好，但生长不良，甚至完全停止生长，腿部无力，步态不稳，以飞节着地，最后不能站立；骨骼变得柔软或肿大，喙和爪变软易弯曲，肋骨也变软，肋骨与肋软骨、肋骨与椎骨交接处肿大，形成圆形结节，呈串珠状，脊椎在背部和尾部向下弯曲，长骨质地变脆易折，胸骨侧弯，胸廓正中急性内陷，胸腔变小。亲鸽缺乏维生素 D 时，初期产薄壳蛋、软壳蛋，随后产蛋量下降，种蛋孵化率降低；严重的胸骨变形、弯曲，骨骼变脆、易骨折。

二、病理变化

较突出的肉眼可见病变是在背肋和胸肋相接处向内弯，形成一条特征性的肋骨内弯沟外观。幼鸽缺乏维生素 D，主要表现为骨骼软，尤以嘴、爪、腿为明显。此外，缺乏维生素 D 的雌鸽所产的蛋，往往孵至后期时胚胎死亡，这种死亡胚胎的上颚过短，或喙的构造不全。

三、防治

1. 预防

保证饲料中维生素 D 的含量，注意供给充足的保健砂，并保证钙、磷的含量及比例。体弱的乳鸽及时补喂鱼肝油和接受日光照射。

2．治疗

给小鸽 1 次喂大剂量（15000 国际单位）维生素 D，可收到更快的治疗效果。平时要注意日粮中满足鸽对维生素 D 的需要量，但千万莫操之过急，盲目超量补给，以免多量的维生素 D 引起肾的损害。

第十一节 鸽嗉囊炎

嗉囊病以嗉囊炎、嗉囊肿瘤、嗉囊下垂、嗉囊积食、嗉囊积液、嗉囊积气为多见。

引起嗉囊病的主要原因有暴食，特别是供水不足的暴食，以及食道病等可导致嗉囊积食；摄入蛋白质含量高的饲料、含盐高的饲料或保健砂，某些传染病的存在，均能引起因摄水量增加而致的嗉囊积液；产生细菌感染或体内气囊破裂，均可出现嗉囊积气；嗉囊创伤或受病原微生物感染，长时间的嗉囊积食、口腔、食道的炎症蔓延，都会引起嗉囊炎；念珠菌病、嗉囊肿瘤、嗉囊积食及嗉囊积液等均可导致嗉囊下垂。上述致病原因有原发性的，也有继发性的。

嗉囊病的病状主要是病鸽精神不振和不安，不愿采食和饮水，严重时还可出现呼吸困难，嗉囊有不同程度的增大。以手触摸时，嗉囊积食有坚实的颗粒状感；嗉囊积液有波动感；嗉囊积气有弹性感，手指轻弹则发出鼓音；嗉囊炎有局部温度升高和痛感；嗉囊下垂时有明显外凸。

对这类病应根据不同的病因实施不同的治疗。嗉囊积食病应先暂停供料，喂以酵母或饮用复方维生素 B 溶液，同时进行嗉囊外按摩，以促进内容物与消化液的混合和后送；嗉囊积液时可将鸽倒提，同时轻压嗉囊使积液排出，若为传染病引起，应按相应传染病的防治方法处理；嗉囊积气可用针头在嗉囊上部穿刺排气；嗉囊炎应喂服或嗉囊注射抗生素，进行抗感染治疗；由肿瘤引起的嗉囊下垂，则应行手术摘除，若由念珠菌病引起，则采用抗真菌药内服，均有理想的疗效。

预防工作，一方面要落实兽医卫生防疫措施，以防止传染病继发嗉囊疾病；另一方面要做好饲养管理，如定时喂饲，避免发生时饱时饿，配料时各种成分的配量要准确，不要擅自加减，操作时动作要轻，免使鸽受吓而碰破嗉囊，饲料应无异物、不结块，清除栏舍内的尖刺物等，避免人为性嗉囊病的发生。

第十二节　其他常见病

一、胃肠炎

胃肠炎是由于消化机能受到扰乱或阻碍，消化吸收功能减退而导致的消化道疾病。本病常由于饲养管理不善、饲喂发霉变质的饲料、饮水污染、鸽舍潮湿、环境不卫生、缺乏保健砂等原因而引起。

1．症状

病鸽精神沉郁，采食减少，饮水增多，下痢。病初排黄白色或绿色稀粪，严重时排深绿色或褐色黏性粪便。嗉囊胀软，爪干燥无光泽。病鸽逐渐消瘦。

2．防治

（1）预防　保持饮水清洁，防止饲料霉变，定时定量喂料，供给新鲜的保健砂。

（2）治疗　在饲料中加入0.04%的痢特灵，连用3～4天。或磺胺脒每只鸽每次0.25克，每天2次，连服3天。或乳酸菌素片，每只鸽每次1片，每天2次，连用3天。

二、鼻炎

鼻炎，俗称感冒，是一种上呼吸道疾病。引发鼻炎的病因较为复杂，气候变化过大，忽冷忽热；饲养密度过大，鸽舍通风不良，空气污浊，尘埃、氨气或其他有害气体浓度过高等。鼻黏膜在不良刺激下，抵抗力下降，细菌、病毒乘虚入侵而引发。本病多发生于寒冷和气候多变的季节，通常多见于幼龄鸽。

1．症状

病鸽精神、食欲不振，鼻黏膜潮红、肿胀湿润，分泌物增多，初为清液，后逐渐变为浆液、黏液和干痂样，鼻瘤污浊，常用爪抓鼻，摇头，打喷嚏，呼吸不畅，严重者张口呼吸。如波及眶下窦，可见面部肿胀，眼结膜炎；如波及上呼吸道，可见咳嗽和呼吸加快。

2．防治

加强饲养管理，科学搭配日粮和保健砂，保持鸽舍内外环境清洁卫生，注意防寒保暖和空气流通，增强鸽体抗病能力等，是预防本病的常规措施。

单纯性鼻炎通常可自行康复。为改善症状，用消毒棉清除鼻眼内的分泌物后，用3％硼酸水或10％氨苯磺胺滴液滴鼻。为治疗和预防细菌性感染，可适当选用一些抗生素、磺胺类等抗菌药物。

三、肺炎

多种病毒、细菌、真菌及其他病原微生物的侵染都可能引起肺炎，饲料品质不良、环境卫生水平低、天气忽冷忽热都可成为本病的触发因素。投喂药物时误将药物粉末或小颗粒吸入气管和支气管，或舍内空气污浊、尘土飞扬，随着鸽的呼吸而将尘埃颗粒、霉菌孢子等吸入肺内，进而引发吸入性肺炎也有发生。此外，感冒的进一步发展也可形成肺炎。

1．症状

病鸽精神不振，食欲减退，有的体温升高；呼吸困难，呼吸频率加快，可闻啰音。剖检可见肺淤血，实质内有散发性数个至数十个大小不等的肺炎病灶（支气管肺炎），严重者可累及肺的大部甚至整个肺叶（大叶性肺炎）。病灶稍隆起，质较硬实，比重增大，质如肝状（肝变）。

2．防治

在改良饲养管理和清洁卫生、防寒保暖、保持空气清新的基础上，采用适当的药物治疗。多种抗生素、磺胺类等抗菌药物对细菌性肺炎，克霉唑、制霉菌素和红霉素对真菌性肺炎都有相当治疗效果，可以选用。此外，还可选用对呼吸道疾病有较好作用的中药制剂。如属继发性肺炎，在对症治疗的同时，应注意对原发性疾病的治疗和预防。

四、眼结膜炎和角膜炎

眼结膜炎和角膜炎是指发生于鸽子眼部的一类炎症，养鸽实践中常有发生。炎症主要涉及眼结膜时称眼结膜炎，而主要涉及角膜时则称眼角膜炎，但两者往往同时发生。眼外伤、异物侵入、细菌或病毒等病原微生物感染、寄生虫（眼线虫）侵袭、氨气等刺激性气体的刺激，以及维生素（特别是维生素A）缺乏等机械性、化学性和生物性的原因，都能引发本病。

1．症状

病鸽患眼的内分泌物增多，流泪，眼睑肿胀，上下眼睑粘连，角膜混浊，周围充血，严重者可失明。继发于沙门氏杆菌病、大肠杆菌病、衣原体和支原体等感染以及维生素A等缺乏者，除眼部的局部症状外，还可见原发病的相应表现，这类眼病多呈双侧性。

2．防治

将病鸽挑出，并将之移至阴暗处饲养。在进行原发性疾病治疗的基础上，进行局部对症治疗。用1％～2％硼酸水溶液或1％食盐水冲洗患眼后，滴以氯霉素等抗生素眼药水或涂抹眼药膏，每日3～6次。后者亦可与醋酸氢化可的松眼药液交替滴用。如由滤过性病毒引起者，以利福平眼药水的疗效较佳。与此同时，在日粮或保健砂中补充适量的维生素A或鱼肝油、施尔康等添加剂，有助于提高病鸽抵抗力和促进康复。

五、消化不良

消化不良是指鸽子胃肠道消化功能紊乱，以常伴发腹泻、脱水为特征，不同龄期的鸽子皆有发生，其中 1～2 周龄的乳鸽更为多见。引起童鸽和成鸽消化不良的主要原因是缺乏必要的运动或过于疲劳、饲料单一或霉变、维生素缺乏、保健沙供应不足、肌胃内砂粒缺乏、供水不足等；而乳鸽消化不良则多因亲鸽过早地喂哺过量的大粒玉米等饲料，以致饲料不能及时软化下行和消化而积存于嗉囊内所致。

1．症状

病鸽精神不振，羽毛松乱无光，不愿活动，食欲减损或废绝，腹泻，粪中常留有未完全消化的饲料，呼吸、心跳加快，脱水，消瘦。病程较长者，脱水更加明显，并出现营养不良综合征，消瘦衰竭，幼鸽生长发育迟滞，种鸽繁殖能力下降。后期肛门松弛，水样腹泻，贫血，肢端发冷，体温低于正常，最后可死于全身衰竭。

2．防治

消除各种可能病因，供以搭配合理的新鲜日粮、保健砂和洁净饮水，不喂发霉变质的饲料，适当控制和定时投喂饲料，补充维生素和微量元素。对较为严重的病鸽应做个别治疗，及时补充体液，如 5%～10% 葡萄糖注射液或生理盐水。施尔康、复合维生素、速补酵母片和多酶片等均有相当的治疗效果，可酌情选用。为防止继发性细菌感染，亦可适当使用抗菌药物。

六、便秘

便秘是指鸽子排便不畅甚至停止、粪便干结的一种消化道疾病。饲养管理不善、日粮调配不当是引发便秘的主要原因。如长期饲料过于单一，缺乏油脂饲料、青绿饲料和保健砂，饮水不足或中断等，都能使鸽发生便秘。某些传染病或寄生虫病，亦可因肠道发炎、狭窄、扭转等病理过程，引起肠道堵塞而发生继发性便秘。

1．症状

鸽子在便秘发生之前数天，可见其粪便已渐渐干结。便秘发生后，其突出表现是病鸽精神沉郁或烦躁不安，羽毛松乱，食欲锐减或废绝，尾部时时抽动做排便状，但不见粪便排出。触诊检查，腹部胀满，有时可摸到充满干硬粪便的条索样肠管。

2．防治

日常注意饲养管理和日粮、保健砂的合理搭配；一旦发现鸽子粪便异常干燥，应及时调整日粮的配合，适当增加青绿饲料和油脂性饲料的比例，添加植物油或滴服人工盐溶液，同时保证饮水的连续供给。

便秘发生后，主要做对症治疗，可每只灌服 2～5 毫升植物油或用滴管将蓖麻油滴入泄殖腔内，并由前向后轻轻按摩腹部，以促其排便。一次无效，可重复几次。严重脱水及中毒症状明显者，应给予静脉补液。如为继发性便秘，则应在治疗原发性疾病的基础上，适当进行对症治疗。

七、痛风

痛风是指尿酸盐在体内不同组织器官上沉积而引起的一种病理过程。尿酸是鸟类（包括鸽子）氮代谢的正常产物，是嘌呤和蛋白质分解代谢的最终产物。体内生成的尿酸大部分经肾脏、小部分经由肠道排出体外，因而凡能引起急性或慢性肾功能损害，或输尿管阻塞的情况都可能导致尿酸盐在体内的过多沉积而导致痛风的发生。

1．症状

根据尿酸盐在体内沉积的主要部位不同，临床一般可将之分为内脏型痛风和关节型痛风两大类。

（1）内脏型痛风　除原发性疾病的症状外，通常缺乏特异性的临床表现，主要包括精神沉郁，厌食，体况虚弱，严重者可致死亡。剖检的特征性病变是肝脏和心包表面布满灰白色尿酸盐斑块，或白垩色粉尘样物质，类似的病变还见于腹腔及其内脏器官的浆膜表面。因肾功能损害所致者，可见肾脏肿胀、变色，有的因肾小管内充斥灰白色尿酸盐而呈网格样外观；因输尿管堵塞和输卵管炎所致者，输卵管变粗，管壁增厚，其内充满灰白色尿酸盐而成粗索状。

（2）关节型痛风　早期病鸽似乎仍处于健康状态，或仅见跛行，不愿飞翔和爬上栖架，一脚独立或蹲坐等局部症状。体查可见四肢关节，特别是跗关节、趾关节等处僵硬、肿胀和疼痛，随着病情的发展，病变关节肿胀硬实、无痛感，常见腹泻、贫血和消瘦。眼观病变主要包括患病关节变形，关节骺端软骨面、滑膜囊及关节周围有灰白色尿酸盐沉着。

2．防治

平时注意加强饲养管理，控制日粮中的蛋白质水平，注意维生素 A 的添加量，给予充足的饮水，避免受凉和其他应激，注意相关疾病的预防等是预防本病的基本措施。

迄今尚无满意的治疗方法，内脏痛风多预后不良，而关节型痛风应在改善饲养管理、适当增加维生素 A 和维生素 C 添加量等措施的基础上，对症治疗，对早期病例可有一定效果。

八、热应激

热应激（又称热射病）是指鸽子体温调节失控，体热过分蓄积于体内而引起的一种疾病，依其引发的原因及表现的差异，临床有中暑和热射病两种类型。中暑多发生于夏秋高温季节，且多见于较为肥胖鸽和肉鸽，其本质也是热射病的一种类型；而热射病是指因散热受阻，体热蓄积而引起的一种急性病，没有明显的季节性，但通常于炎热的季节多见，并多见于体弱者。

鸽子没有汗腺，新陈代谢过程中所产生的体热主要通过呼吸和体表辐射、传导和对流的方式，将过多的体热转移到周围环境，以保持体温的恒定。当夏秋季节周围环境温度过高，舍内闷热、潮湿、通风不良、空气混浊、饲养密度过高时，则可导致体热的转移受阻，以致余热过多地积蓄于体内，诱发中暑；或长途运输时，运输工具密闭，空气不流通，密度过大，运输前又未能供给充足饮水，运输途中亦不注意通风降温等原因，将严重影响体热的散发，使之过度蓄积于体内，诱使热射病的发生。

1．症状

（1）中暑　病鸽初期表现为精神兴奋、呼吸急促、张口喘气，随后精神极度沉郁、闭目呆立、体温升高。严重者可全身震颤，四肢不完全麻痹，最后可见昏迷和死亡。眼观病变包括鸽尸温度较高，大脑实质及脑膜充血、出血，血凝不全和尸冷缓慢。

（2）热射病　病鸽精神烦躁，步态不稳，饮欲亢进，呼吸急促，张口喘息；体温升高，浑身湿热，体表温度高于体温，病程进展迅速，后期全身肌肉震颤，倒地死亡。眼观病变包括大脑及脑膜充血，小点出血；肺部淤血，水肿，实质器官变性。

2．防治

排除各种可能的发病因素是预防本病发生的主要措施。炎热季节，应加强科学的饲养管理，完善遮阳设备，调整饲养密度，保持舍内通风良好，保证充足的新鲜饮水，适当使用维生素 C、维生素 B_6、维生素 B_{12} 和维生素 E 等。长途运输时，运输前要供给充足饮水，运输工具不能过于密闭，密度不能过大，运输途中经常注意鸽群动态，以便及时采取相应措施。

一旦发生本病，立即将病鸽转移到阴凉通风的地方，头部喷以凉水（最好是井水），或敷以冰块或冷水湿巾，同时灌服红糖水或凉茶水加红糖解暑，一般均能康复。此外，为缓解热应激，可在饮水中加入 0.2%氯化钾、0.2%氯化铵等以补充电解质，酌情使用氯丙嗪等镇静剂。

九、肥胖症

肥胖症是指脂肪在体内，特别是在皮下和腹腔内过度储积的一种病理过程，是脂肪代谢紊乱的一种表现，临床以体重增加、体形改变为特征。引起肥胖症的主要和直接原因是日粮中的油脂性饲料长期过多，而过食和缺乏运动则是常见的促发因素。肉鸽以高脂性饲料为主，则极易发生本病。此外，日龄较大的鸽子，特别是老龄鸽，如日粮中优质蛋白质供给不足时，往往出现碳水化合物过剩现象，致使体脂过度沉积于体内的特定部位而发生肥胖症。

1. 症状

病鸽外表健康，但体重明显超过正常水平，拨开腹部羽毛，可见腹部因皮下及腹腔沉积大量脂肪而呈圆形，动作迟缓乏力，不愿活动，飞行能力减弱，心跳减缓，胃肠功能减弱，常有便秘。雌鸽产蛋量及种蛋孵化率下降，易发生难产。

2. 防治

预防在于进行科学的饲养，合理调配日粮及控制饲料量、经常添加青绿饲料、保持必要的运动量是预防肥胖症的主要措施。治疗原则是适当控制鸽子的饲料量，特别注意减少油脂性饲料成分，适当补充维生素 E 和多维素，增加青绿饲料的补给。

十、异嗜癖

异嗜癖是指鸽子喜啄食非正常食物的一种病理现象，依其嗜食物品的不同，临床有啄羽癖、啄肛癖、啄蛋癖、啄趾癖、异食癖和食肉癖等多种类型，其中以啄羽癖最为多见。

本病的发生多因鸽子不能从日粮和保健沙中获得足够的维生素和微量元素，以致引起体内物质代谢紊乱的结果，故常见于饲养管理差、日粮或保健沙的配合不合理的鸽群。此外，某些疾病（如佝偻病、骨软症、胃肠炎、肝脏疾病和寄生虫病等）、或饲养密度过大、不同品种或不同龄期的鸽子混群饲养、舍内通风不良、空气污浊、闷热潮湿、体表损伤或肛门脱出未做及时治疗，以及死鸽、病鸽或破蛋未及时处理等，都可引发本病。

1. 症状

病鸽初期精神稍差，食欲减退，但喜啄食树枝、草梗、铁丝、泥土、石灰、破布、绳子、塑料等异物，以及互啄或自啄羽毛、蛋、脚趾、肛门和粪便等现象。病鸽生长迟缓，贫血消瘦，繁殖力下降，破损蛋明显增多。异物在嗉囊的积聚而出现硬嗉症，并导致消化功能失调，便秘或腹泻，最后可死于身体衰竭。

2．防治

预防的关键在于加强饲养管理，供以全价的配合日粮和符合标准的保健砂，保持饮水新鲜洁净；注意环境卫生，保持舍内通风良好，光线不宜太强；定期驱虫，提高鸽体的抗病力。

一旦发现鸽群出现异嗜癖，其处理原则是尽可能找出和消除引发本病的原因，或采取治疗性诊断，以尽快扼制恶癖的蔓延。如蛋白质不足，应立即添加适量的蛋白质饲料，增加多维素和氨基酸添加量；如无机元素缺乏，则应补充适量的矿物质，适当提高保健砂中食盐添加量，连用3天，同时配以适量的骨粉、贝壳粉和石膏等，连续5～7天。还应及时将被啄鸽捡出，隔离饲养和治疗。如皮肤啄伤者，可在伤口涂布紫药水或碘酊；出现硬嗉症者，按硬嗉症处理方法进行治疗；如继发于某种疾病者，除按上述方法处理外，应对原发性疾病进行治疗。

十一、卵黄性腹膜炎

卵黄性腹膜炎是指卵巢上成熟的卵子异常地落入腹腔而引起的一种腹腔浆膜的炎症，其原因主要包括产蛋鸽突然受到外界的袭击或强烈的惊吓，如粗暴捕捉、强烈应激，犬、猫及鼠类等动物的侵扰和袭击；某些累及卵巢的传染性疾病，如沙门氏菌病和大肠杆菌病等，导致卵子及滤泡膜变性、破裂；输卵管的炎症或肿瘤而引起输卵管管腔狭窄、闭锁、破裂或难产等情况，都可能导致成熟的卵子不能正常地进入输卵管，而直接或经破裂的输卵管进入腹腔，引起卵黄性腹膜炎。

1．症状

病鸽精神沉郁，食欲不振，逐渐消瘦，偶有白色炎症产物随粪便排出体外；腹部明显膨隆下垂，行动蹒跚，长期不产蛋。继发于传染性疾病者，还可见原发性疾病的种种症状。

2. 防治

预防在于进行科学的管理，避免各种应激和惊扰，进行清扫、喂水、投料等各项生产操作时动作要轻柔，同时注意相关疾病的预防和及时治疗。

多种抗生素和磺胺类等抗菌药物均有消炎作用，可酌情选用，但康复鸽的繁殖力多会受到影响，不能恢复或大为降低，因此建议淘汰。

十二、难产

难产（又称蛋阻留）是指形成蛋虽已下行至输卵管下部，但不能顺利产出的一种病理状态，只见于产蛋雌鸽，其中过肥或体虚者更易发生。引起本病的病因较为复杂，可能包括因输卵管炎症或输卵管肿瘤引起的输卵管下段狭窄闭锁，输卵管管壁肌内张力降低或部分麻痹，血钙水平下降以致输卵管蠕动减弱，腹膜炎引起肠与输卵管的粘连，外界的突然惊吓，以及蛋形过大、畸形等。

1. 症状

病鸽烦躁不安，羽毛逆立，呼吸急促，尾部急速抽动，蹲坐于蛋巢内，1～2天仍不见蛋的产出。随着病情的发展，病鸽精神不振，眼半闭或全闭，对外界反应迟钝。如不及时处理，常继发腹膜炎和气囊炎。因神经内分泌功能紊乱引起的难产，常有一定的时间性，多只发生于一年中的某个时期。

2. 防治

预防在于加强饲养管理，保持鸽的适当运动量，适当控制产鸽的体重，勿使之过肥。产蛋期间，避免外界的惊扰，同时注意其他疾病的预防和治疗。

治疗原则是及时进行人工助产。捉出病鸽，将适量的植物油或液状石蜡滴入泄殖腔内，以润滑蛋、输卵管或泄殖腔的表面，并轻轻由前向泄殖腔方向按摩腹部，通常能使滞留的蛋顺利产出。如一次无效，可重复几次。对非阻性的蛋阻留，注射 0.02～0.03 毫升/千克体重的催产素，能促进输卵管子宫部的收缩，有利于滞留蛋的排出，若仍无效，可实行助产术。助手将鸽适当绑定后，术者将剪短指甲并经洗手消毒后的右手食指，涂以少量的油类并慢慢经泄殖腔伸至输卵管后部，左手在腹部配合，缓缓将蛋向泄殖腔方向推移，使之排出。用助产方法仍不能取出滞留蛋时，可将钝头镊子伸进泄殖腔，将滞留蛋弄破，然后用带胶管的注射器抽取蛋内容物，并清除蛋壳；随后用灭菌生理盐水反复冲洗泄殖腔 2～3 次。为防止继发感染，应酌情使用 3～5 天抗菌药物，如青霉素、链霉素、卡那霉素和庆大霉素等。

十三、骨折

鸽体某部位的骨筋发生断裂，同时常伴有周围软组织的不同程度损伤称为骨折。骨折可发生于身体的任何部位，但以翅和后肢的长骨最常见。仅部分断裂者称为不完全性骨折，完全断裂者称完全性骨折。骨折部位的皮肤、黏膜完整性同时受到破坏，断骨端外露出伤口之外时，称开放性骨折；如该部皮肤、黏膜仍保持完整，则称为闭合性骨折。

骨折在鸽多属偶发性，弹击、捕捉、惊扰、打斗以及其他意外都可能引起骨折。此外，佝偻病鸽因其骨质疏松脆弱而抵抗力降低，有时亦可发生自发性骨折。

1. 症状

外伤性骨折多为单侧性，骨折的局部常有出血、肿胀、疼痛和功能障碍。其临床表现与骨折发生的部位密切相关，病鸽因疼痛而发抖、闭眼和躲避触摸骨折处。翅膀发生骨折时，患处下垂，不能履行；腿部骨折时，病鸽单脚站立，患肢悬吊而不能行走，或独脚跳跃；趾骨骨折时，病鸽站立不稳，患肢不敢着地，跛行。完全性、开放性骨折者，症状更加严重。本病的症状和病变都有特征性，因而不难做出诊断。

2．治疗

不严重时可用医用棉花涂抹抗生素或云南白药以医用胶布包缠，包缠力度要轻，以防引起局部肿胀化脓损伤。严重时要由助手将患鸽绑定，防止骚动，充分暴露骨折部位，以便于实施手术。用手术剪刀将患部的绒毛剪净，有条件的可以用刮胡刀刮净，用70％医用酒精棉球反复擦拭骨折部位。清除污物后再行消毒，然后轻手整复断骨，涂抹云南白药，用棉花包裹，用医用胶布（也可用带气孔的伤湿止痛膏）周围缠绕4～5层，呈纺锤形固定。在缠绕胶布时松紧必须适度。

3．护理

患鸽应单独笼养，注意观察手术部位，可以喂云南白药的丸剂和止血丹。并补充营养。

第八章

鸽场的经营管理

任何商品都是以市场为根本，以市场为导向。肉鸽也不例外，其最终的目的是推向广大的消费者。鸽场在创办之前应进行市场调查，收集有关市场信息。要求做到信息有针对性、积累性、预见性、计划性、准确性和时效性；充分了解商品乳鸽在当地市场的供求情况，本省的供求情况，以及需求量大的沿海城市情况和市场前景的预测。落实种鸽的来源，养殖的技术，商品乳鸽的销售渠道，再结合当地的饲料来源、鸽场场地的选址情况来确定鸽场创办的规模，以免盲目投资，造成不必要的经济损失。

第一节　鸽场经营成功的要素及案例

养鸽子，引种是一个关键，如果没有过养鸽经验建议引产鸽，虽然费用高，但是如果引青年鸽，没有经验，雌雄分不准，容易导致雌雄失调。从产鸽开始养，可以了解鸽子是怎样繁殖、孵蛋、喂食的。

一、鸽场经营成功要素

肉鸽行业在所有的养殖行业中，算是最稳定的行业，市场波动很小，可是要想在肉鸽上面真正赚到钱，应该注意以下几点。

① 专人饲养，不要粗放式管理和不定时的管理。应保证

鸽子的正常营养需求，饲料不应单一化，否则无法发挥鸽子的潜能。

② 良好的饲养环境，虽然说鸽子好养，屋檐下、旧房屋都可以，但一定要注意环境应干燥、通风、向阳。

③ 疾病防控，不能自己当医生，用点抗生素治疗，应请专家或是技术人员指导，做到预防为主，养到不生病才是最高境界。特别提醒的是，建议多用中药预防，因为养的是种鸽，身体好才是硬道理。

④ 在管理上下工夫。

⑤ 尽量利用新技术，提高产量，减少浪费。

二、鸽场经营成功案例

案例 1

在安徽省肥西县丰乐镇，有一位退伍军人任建，养有种鸽2300 多只，每月出栏乳鸽 1600 多只，年收益在 20 万元以上，成为当地有名的养鸽大户。不仅如此，他还带动周边村民一起养鸽，将已学到的技术无偿传授给农户。

2007 年任建从部队退役后，发现家乡条件落后，便立志改变状况。为此，他独自前往昆山万丰养殖场打工 3 年，在掌握养殖技术后回乡创业。由于此前专门学习了养殖技术，任建的养鸽场迅速壮大，每月有 1600 多只乳鸽的销售量，销售额 2 万余元。任建的养鸽发财路很快吸引了周边乡邻的目光。本着对乡亲的热爱，任建每次都将鸽子规模化养殖的一些常识、饲养方面的注意事项等向有意发展养殖的乡邻讲解，手把手传授养殖技术，上门指导鸽舍建设、鸽笼摆放、饲料配比、疾病预防等。经历风雨后，如今任建及其帮扶带动的农户养鸽场均走上了快速发展的道路，成功利用鸽子养殖，放飞了自己的梦想。

案例 2

李金南的肉鸽养殖基地，坐落在风景秀丽的福建省清流县李家乡鲜水村附近。走进养殖场，"咕咕"声不绝于耳，一排排鸽笼整齐划一，几千只鸽子从鸽笼里探出头来，正啄食槽中饲料。壮实身材的李金南，正抓着一把饲料，给笼外放飞的鸽子喂食，这个40多岁的中年汉子，从2007年开始养殖肉鸽，目前已发展至种鸽1万多对，年出栏肉鸽8万只规模，年收入达30万元以上，成为当地有名的养鸽大王。李金南养殖肉鸽，缘于一次拜年。2007年春节，李金南到福建龙岩给朋友拜年，偶然得知，朋友70多岁的父母，因为不习惯城里生活，回到乡下养了500对肉鸽，一年下来，能赚2万多元。

这个信息让李金南双眼为之一亮。当时，李金南正在寻找创业项目。回家后，他马上开始在龙岩、连城、三明、清流等地调查肉鸽市场。

市场反馈的信息让李金南惊喜不已。仅清流县，一年消耗肉鸽数量大约在7万～8万只左右，与清流毗邻的连城县，每年要消耗20多万只肉鸽，两地基本靠从漳州等地外调。李金南决定创办一家肉鸽养殖场。当年3月，李金南赴漳州，找到一家规模肉鸽养殖场，学习养殖技术。

经过一番筹备，2007年5月，李金南投入20多万元，建起了鸽舍，并从漳州引进1000对美国白羽王、石歧鸽、黑珍珠等肉鸽品种，开始养殖肉鸽。对于最初引进的1000对种鸽，李金南一刻不离地盯着，就连晚上都要到鸽笼去观察好几次，了解鸽子的生活习性。即便如此细心的照顾，2个多月后，李金南的鸽子还是出现了水肿、长痘、咳嗽等症状。随后，1000对种鸽只剩下200多对。出师不利，是哪个环节出了问题？李金南查资料，咨询养鸽老师傅，他终于找出原因。原来，鸽子从漳州引入，对当地的气候不适应，水土不服，所以发病。李金南从专业书籍中找到了解决问题的办法。养鸽子的人，一般都会给鸽子喂养保健砂促进消化，增强鸽子体质。李金南自己配制保健砂，解决鸽子入驻后水土不服的问题。他按照当地气候条件，以及四季时令不同，春天潮湿，在保健砂里配入土霉素等药物，防止鸽子拉肚子；夏秋天气热，在保健砂里加入当地清凉解毒的鱼腥草、麦冬等中草药，预防鸽子上火；冬天气候寒冷，需要御寒，则在保健砂里加入红糖等食物，增强鸽子体质。

养鸽场离清流著名的鲜水冷泉很近，李金南坚持用冷泉水喂养鸽子。鲜水冷泉水质清澈，纯净无污染，属碳酸矿泉，常年水温在18～22℃，水中富含多种微量矿物元素。冷泉水喂养的肉鸽，肉质细嫩，口感更加鲜美。商户只要经销过他养殖的肉鸽，全部成了他的回头客。喝冷泉水，喂自配的保健砂，自创的养鸽"独门秘籍"，让李金南的养鸽技术实现质的飞跃。后来，李金南又到宁德购进500对鸽种，并用自制的保健砂进行调理，这批鸽子很快适应了当地的气候条件，全部成活。

这几年，李金南又有了新想法。肉鸽养殖一直以圈养为主，不仅花人工、卫生条件还无法保证，李金南想让鸽子飞起来，从原生态角度，改变鸽子的养殖方式，改善肉质，养出仿自然纯生态的"品牌鸽"来。

李金南已投入30多万元，架设网式养殖场。李金南自己设计的网式养殖场有讲究，网格只盖住鸽舍的1/3，其余2/3为开放空间，可以让鸽子在基地悠闲地觅食，更便于鸽子在空中自由翱翔。

李金南还打算在饲料方面进行改变，充分利用当地现成的粗粮，使喂养出来的鸽子更加纯生态。李家当地许多农户大量种植红心地瓜，每年都有大量小地瓜被扔掉，许多大米加工厂会产生大量细米，李金南打算将这些下脚料利用起来养鸽子，这样不但能降低养殖成本，还能养殖出口味更加纯正的生态鸽。

李金南说，最重要的任务就是利用鸽子的恋巢性，逐步训练鸽子野外觅食，让鸽子适应放养，然后将放养半径慢慢扩大，等到冬天完全适应后，就可以进行纯放养方式进行肉鸽养殖了。

案例 3

在河南省方城县博望镇关坡柳村，一提起 69 岁的党支部书记王文明，村民就竖起大拇指，因为王文明花甲之年不服老，积极发展庭院经济，富裕后不忘乡邻，带领村民养鸽发财致富。

多年来，关坡柳村村民以传统的种植、养殖业为主，收入比较低。2009 年初，博望镇组织乡、镇干部对辖区内经济富裕先进村的"一村一品"工程进行观摩学习，这次观摩活动让王文明深受启发，为此，他暗下决心，一定要找一条合适的路子，带领村民转产致富。经过 1 个月的市场调查和参观学习取经，王文明发现肉鸽具有繁殖率高、生长速度快、投资少效益好等特点，极适合庭院养殖。因此，他决定带领村民发展肉鸽养殖业。

2009 年 3 月，拿定主意的王文明摸着石头过河，投资 400 元钱买来 20 对美国王种鸽，在家里办起了庭院养殖场。在试养阶段，他几乎寸步不离鸽棚，吃饭睡觉都在鸽棚里，白天配制饲料、喂食、喂水，晚上在灯光下认真钻研养殖技术，5 个月后，王文明不但掌握了鸽子繁殖期、生长期等习性，还学会了全程人工灌养新技术，用人工灌养代替传统的雌鸽自己孵化喂养，使雌鸽产蛋量提高了 3~4 倍，肉鸽养殖效益也提高了 3 倍以上，当年就出栏 1000羽，净赚 1.5 万元，王文明由门外汉变成了村里唯一的养鸽专业户。

庭院养鸽取得成功后，王文明把自己的成功经验毫无保留地传授给村里人，并按半价向他们提供优质鸽种苗。同时，他还积极关注鸽子市场，为村民解决鸽子销售的后顾之忧。经过 4 年的努力，该村养鸽农民达 40 余户，发展农户近 30 家，种鸽、乳鸽销售总产值达 400 万元，成为当地有名的养鸽专业村。

谈到今后打算，王文明说，他将带领村民继续加大投资，扩大养殖规模，成立"养鸽合作社"，同时，打造无公害肉鸽基地，做肉鸽深加工文章，创造出属于关坡柳村人自己的品牌，带领更多的乡亲发家致富。

第二节　鸽场投资和效益估测

养鸽场、专业户采用肉鸽"统一饲养"的方法，不仅利于管理，繁殖加快，而且降低成本，育肥快速。

一、养鸽的成本分析

生产成本是衡量生产活动最重要的经济尺度。鸽场的生产成本反映了生产设备的利用程度、劳动组织的合理性、饲养技术水平、鸽的生产性能潜力发挥程度以及养鸽场的经营管理水平。鸽场的总成本主要包括以下几部分。

1．固定成本

养鸽场的固定资产包括鸽舍及饲养设备、饲料仓库、运输工具及生活设施等，固定资产的特点是使用年限长，以完整的形态参加多次生产过程，并可以保持其固有的物质形态，只是随着它们本身的损耗，其价值逐渐转移到鸽产品中，以折旧方式支付。这部分费用和土地租金、基建贷款、管理费用等组成鸽场的固定成本。

2．可变成本

用于原材料、消耗材料和工人工资等的支出，随产量的变动而变动，因此称之为可变资本。其特点是参加一次生产过程就被消耗掉，如饲料、兽药、燃料、垫料、乳鸽等成本。

3．常见的成本项目

① 引种成本是指购买种鸽的费用。

② 饲料费是指饲养过程中消耗的饲料费用，运杂费也列入饲料费中，这是鸽场成本核算中最主要的一项成本费用，可占总成本的 65%～70%。

③ 工资福利费是指直接从事养鸽生产的饲养员、管理员的工资、奖金和福利等费用。

④ 固定资产折旧费是指鸽舍等固定资产基本折旧费。建筑物

使用年限较长，15年左右折清；专用机械设备使用年限较短，7～10年折清。固定资产的更新而增加的折旧，称为基本折旧。为大修理而提取的折旧费称为大修折旧，计算方法如下。

每年基本折旧费＝（固定资产原值－残值＋清理费用）÷使用年限

每年大修理折旧费＝使用年限内大修理费用÷使用年限

⑤ 燃料及动力费是指用于鸽场生产、饲养过程中所消耗的燃料费、动力费、水费与电费等。

⑥ 防疫及药品费是指用于鸽群预防、治疗等直接消耗的疫（菌）苗、药品费。

⑦ 管理费是指场长、技术人员的工资以及其他管理费用。

⑧ 固定资产维修费是指修理固定资产的所有费用。

⑨ 其他费是指无法直接列入上述各种费用的开支，只好列入其他费用内。

二、养鸽的利润分析

肉鸽以杂粮为主食。一对良种肉鸽年产乳鸽8～9对，乳鸽孵出20多天，体重达600多克即可出售，在禽类中生产周期最短。饲养良种肉鸽是一条投资少、用粮少、繁殖快、效益高的致富路。例如，投资2.4万元人民币，一个农村劳动力完全手工操作，利用当地杂粮饲养300对良种肉鸽，可年产商品乳鸽2400对左右，年纯收入能达2万多元人民币。现将鸽场建设与投资效益分析如下。

1.鸽舍建设

一般饲养300对以下的小型商品肉鸽场，均可在庭院围墙边沿或水泥房顶搭盖简易鸽棚，也可以用旧房改建成鸽舍。鸽舍要求阳光充足，地势高燥。肉鸽场都实行自繁自养，需要建种鸽舍和童鸽、青年鸽舍。

（1）种鸽舍　种鸽采用笼养，可利用普通闲置房改建成鸽舍，也可新建鸽舍。铁线鸽笼由工厂生产，单笼规格深、高、长为0.6米×0.5米×0.5米。三层四隔构成1组，每组笼饲养 12 对。新建鸽舍应计算好使用鸽笼的数量及摆放方式，以此来决定每间鸽舍的长、宽和面积。若在平房内饲养，屋顶每 4 平方米面积要安装一块 50 厘米×60 厘米的亮瓦。若要楼房下层饲养，则窗户面积应比普通住房加大 1 倍，或改成半墙敞棚式结构。饲养 300 对种鸽需要 25 组鸽笼和修建 4.5 米×15 米规格的 67.5 平方米种鸽舍 1 幢。

（2）童鸽、青年鸽舍（饲养预备种鸽用） 300 对种鸽需建 10 平方米童鸽、青年鸽舍，要求实行离地网上圈养，网面离地面 0.8 米。围网可一半露天，一半在室内，露天面用竹条或尼龙网盖好，以防鸽飞走。网内分隔成 2 个小区，按鸽日龄分群饲养，每群 30～40 只。

2. 鸽场投资概算

① 种鸽繁殖很快。鸽场要获得高产，一般都要经过自繁自养二次选育高产种群。所以，饲养 300 对只需引种 100 对。如 3 月龄种鸽每对 48 元，共 4800 元。

② 25 组铁线鸽笼，每组 165 元，共 4125 元。

③ 鸽舍 67.5 平方米，每平方米造价 80 元，共 5400 元。

④ 童鸽、青年鸽舍 10 平方米，预计造价 550 元。

⑤ 水电、工具、防疫消毒药品共 1000 元。

⑥ 饲料周转金（按 300 对 120 天饲料计算）约需 5000 元。

⑦ 不可预测开支（以上①～⑥项总和×15%）共 3131.25 元。合计 24006.25 元，概算取 2.4 万元。

3. 经济效益分析

（1）全年卖乳鸽收入 留足 300 对种鸽后，计划年产乳鸽 2400 对，除去 200 对留种，可出售 2200 对，每对 23 元，共收入 50600 元。

（2）饲养成本支出 1 对种鸽 1 个月用混合杂粮 2.25 千克，每产 1 对乳鸽用混合杂粮 2.5 千克。1 对种鸽年产 8 对乳鸽合计用混合杂粮 47 千克，1 千克 1.8 元，饲料支出 84.6 元，保健砂、维生素支出每对（连带仔）共 6 元，防疫、消毒药品 3 元。1 对种鸽

（包括乳鸽）1 年饲养成本支出为 93.6 元。300 对种鸽全年支出28080 元。

（3）利润　当年可收入 22520 元。

要获得上述经济效益，必须具备三个条件。一是选用优良种肉鸽品种，每对种鸽均产仔成活 8 对以上；二是乳鸽要在 20～22 日龄出售，生产 1 对乳鸽成本控制在 10 元以下；三是加入各种肉鸽专业合作社和鸽协，获得技术指导并减少销售乳鸽的风险。

三、鸽子养殖成本利润分析

以笼养一对鸽子为例（采用笼养，每个笼子 3 层，每层可养 4 对鸽子，每笼可养 12 对鸽子）计算鸽子养殖成本，分别以当前市场价和市场低谷时龙头企业的保护价计算经济效益，数据仅供参考。

按照目前市场价格计算，第 1 年收入情况一对鸽子投入总成本如下。

① 需购买笼子、料槽、水槽等工具 50 元。

② 购买一对种鸽 40 元。

③ 一对青年鸽子每天需饲料 50 克，饲料价格 1.34 元/千克，育成期需 4.5 个月，共耗料 6.75 千克（4.5 个月×30 天×50 克），共需 9 元（6.75 千克×1.34 元）。鸽子的一个繁殖周期为 45 天，种鸽发育成熟后，剩下的 7.5 个月还可繁殖 5 窝，种鸽在育雏期耗料 100 克/天，饲料价格 1.54 元/千克，育雏期一般 25～28 天，如果按照平均 27 天育雏期计算，5 窝乳鸽育雏期共耗料 13.5 千克（27 天×100 克×5 窝），合计 20.79 元（13.5 千克×1.54 元）。其他时间耗料 4.5 千克，[(7.5 个月×30 天－27 天×5 窝)×50 克]，合计 6 元。所以，第 1 年需投入饲料费用 35.79 元（育成期 9 元＋育雏期 20.79 元＋育雏其他期 6 元）。

④ 防疫等费用 2 元。

⑤ 水电费与卖粪收入相抵。

所以，第 1 年总投入 127.79 元（工具 50 元＋种鸽 40 元＋饲料 35.79 元＋防疫等其他 2 元）。

第 1 年毛收入：目前 25～28 天的乳鸽价格为 9 元/只，按照此价计算，产 5 窝共 10 只，毛收入 90 元。

第 1 年纯利润：种鸽的繁殖期一般为 4～5 年，按照 4 年利用期，工具费用按照 10 年折旧计算，纯利润为 37 元（90 元－40元×1/4－50 元×1/10－35.79 元－2 元）。

按照目前价格计算，第 2 年以后只需投入饲料、防疫等成本。鸽子正常生产后年可产蛋 8 窝，每窝 2 只，共可产乳鸽 16 只，实现毛收入 144 元；年需饲料 36.5 千克，折合人民币 56.2 元，防疫等费用 2 元，每年共需投入 58.2 元；可获纯利润 72.8 元。

市场价格较低，加工企业实行最低保护价收购时，如安丘市广聚实业有限责任公司实行最低保护价 7 元/只收购，按照此价计算，当市场价格较低时，养鸽子仍可在第 1 年实现毛收入 70 元，纯利润 17 元；第 2 年及以后每年毛收入 112 元，纯利润 40.8 元。

养肉鸽的成本大大低于养肉鸡。从雌鸽产蛋算起，经过 17～18 天的孵化，育雏 24 天即可出售，饲养期特短。一只种鸽每日耗粮 40 克，一只哺乳鸽每日耗粮 75 克。乳鸽从出壳到 30 日龄出售时，共耗粮 1000～1500 克，饲料用量非常经济。此外，目前蛋白质饲料价格高，肉用鸡饲料中的蛋白质比例高达 20% 左右，而肉鸽饲料中的蛋白质比例只需 13%。如果大规模集约化饲养肉鸽，则其饲料成本明显低于肉用仔鸡。

肉鸽养殖是一种特养行业，特养行业本身最典型的特点是高风险性，高风险性与高利润是紧密连在一起的，对肉鸽价格的忽高忽低，养殖户不要存在恐慌心理，要以平常的心态正确看待肉鸽低迷期的到来。只有全面地分析市场，做好充分的应对措施，才能在市场经济的大潮中勇立潮头。

第三节　鸽场的组织形式与办场程序

按照经营的目标和方向制订鸽场的建设计划和生产计划，做好科学的计划管理是养鸽生产的基础。

一、肉鸽产业化生产的条件与组织形式

1. 条件

① 足够数量的优良种鸽，饲养数量在 5000 对以上。

② 具有工厂化笼养的高产技术条件。

③ 饲养员经过上岗培训。

④ 有较大的市场容量或有较强的市场开拓能力。

2. 生产模式

(1) 公司模式　5000 对种鸽以上，实现高密度工厂笼养，自产自销。

(2) 公司、基地、农户模式　一般是公司投资，基地育种与训练、供种并指导农户发展，再由公司回收产品。

(3) 养殖合作社模式　一般由公司或经纪人牵头办示范场，成立合作社，带动群众饲养，并由公司或龙头企业回收加工或外销。

(4) 公司办示范种鸽场和农户养殖小区模式　公司办种鸽场并饲养种鸽 20000～30000 对，供种并指导 30～40 户农户饲养，每户 1000～2000 对，总量在 50000～80000 对。

第一和第二种模式适合在城市边缘或乡镇所在地发展，第三和第四种模式适合在农村发展。各种模式各有优缺点，总的来说，前两种模式投入较大，但产量高，效益好。第三种投入少，但分散饲养难管理，乳鸽难收回，产值和效益低。第四种模式是前面三种模式的创新发展，但是要有好的组织保证或政府的参与和协调，这是获得高效益的前提。无论选择哪种养殖模式，由养殖者根据自身情况而定，不能照搬照抄。

二、办场程序

如图 8-1 所示。

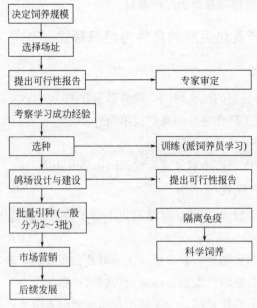

图 8-1 办场程序

第四节 健康养殖生产质量控制

一、肉鸽饲养流程

肉鸽饲养流程和技术要求较为成熟，可分为引种、种鸽、配对、孵化（自然孵化和人工孵化）、哺育（亲鸽哺育和人工哺育）、童鸽等过程（图 8-2）。根据肉鸽饲养流程来确定过程危害分析，采取综合控制措施，以生产优质、安全的产品。

二、肉鸽饲养过程危害的种类

肉鸽养殖过程中的危害种类主要包括物理性、化学性、生物性（图 8-3），主要是在养殖过程中养殖环境、生产投入品（饮用水、饲料、引种、药品等）对肉鸽产品质量的影响。

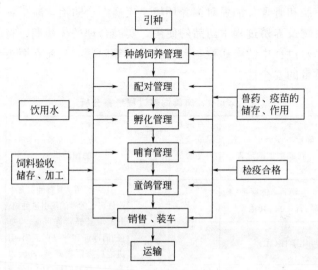

图 8-2 肉鸽饲养流程

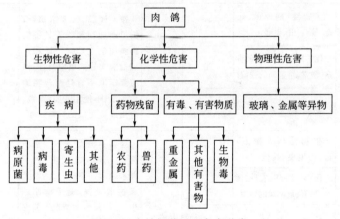

图 8-3 肉鸽饲养过程危害种类

三、肉鸽饲养过程的危害分析

根据肉鸽饲养流程、危害的种类对肉鸽饲养全过程进行危害分析，并制定具体的防治措施（表 8-1）。通过对饲养过程的危害分析、控制和管理，加强对饲养环境、疾病综合防治，减少饲养环境有害生物及养殖过程中药品的使用，实施合理的休药期，将能有效解决养殖过程中的疾病控制和药物残留等问题，从而在源头上保证产品质量的安全性。

表 8-1　肉鸽饲养过程危害分析

项目	确定本步骤引入、控制或增加的危害	潜在的食品安全危害是否显著(Y/N)	对此项的判断依据	防止危害采用的预防措施	本步骤是否为关键控制点(Y/N)
引种	生物性(病原菌、病毒、寄生虫、其他)	Y	种鸽饲养、运输过程造成感染	引种时，须从具有种畜禽生产许可证的种鸽场引进种鸽；并索取其经营许可证、检疫证、消毒证和非疫区证明；引进之后需隔离观察 30 天以上，经兽医部门检查确定健康合格后方可合群饲养	Y
	化学性(无)	N			
	物理性(无)	N			
饲料验收	生物性(病原菌、病毒、寄生虫、其他)	Y	饲料生产、保存过程造成污染	按 GB 13078 要求执行；饲料添加剂须购于具备饲料添加剂生产许可证和产品批准文号的供应商；向供应商索取不含违禁药物的承诺书；不使用变质、霉败、生虫或被污染的饲料	Y
	化学性(兽药、农药、毒素、激素、重金属的残留)	Y			
	物理性(无)	N			
饮水质量检查	生物性病原菌、病毒、寄生虫、其他	Y	开放式盛水容器，容易造成污染	经常有充足水源。水质符合 GB 5749 要求；源头储水罐应加盖；经常清洗消毒饮水设备，避免病原滋生；在气候恶劣情况下能保证水的供应	Y
	化学性兽药、农药、毒素、激素、重金属的残留	N			
	物理性(无)	N			
兽药验收	生物性(病原菌、病毒、寄生虫、其他)	Y	兽药生产与销售过程不符合相应要求	兽药应购于具备兽药生产许可证、产品批准文号或者进口兽药许可证的供应商；且应符合《兽药管理条例》的规定；向供应商索取不含违禁药物的承诺书	Y
	化学性(兽药、农药、毒素、激素、重金属的残留)	Y			
	物理性(无)	N			

项目	确定本步骤引入、控制或增加的危害	潜在的食品安全危害是否显著（Y/N）	对此项的判断依据	防止危害采用的预防措施	本步骤是否为关键控制点（Y/N）
饲料储存和供应	生物性（病原菌、病毒、寄生虫、其他）	Y	不符合相应的储存条件、操作失误造成污染	提供洁净、干燥、无污染的储存条件；饲料添加剂按标签所规定的用法和用量使用；饲料中不直接添加兽药原料药	Y
	化学性（兽药、农药、毒素、激素、重金属的残留）	Y			
	物理性（无）	N			
兽药储存	生物性（无）	N	不符合相应的储存条件、操作失误造成污染	按标签所规定提供适宜储存条件	N
	化学性（无）	N			
	物理性（无）	N			
种鸽饲养管理	生物性（病原菌、病毒、寄生虫、其他）	Y	水平与垂直传染性疾病造成的感染	依照生态健康养殖要求提供良好的环境、饲料、管理；需要用药时，严格按标签规定的用法与用量使用；种群做好副黏病毒抗体检测；病鸽做好淘汰处理	Y
	化学性（兽药、农药、毒素、激素、重金属的残留）	Y			
	物理性（无）	N			
配对管理	生物性（病原菌、病毒、寄生虫、其他）	Y	水平与垂直传染性疾病造成的感染	依照生态健康养殖要求提供良好的环境、饲料、管理；需要用药时，严格按标签规定的用法与用量使用；病鸽做好淘汰处理	N
	化学性（无）	N			
	物理性（无）	N			
孵化管理	生物性（病原菌、病毒、寄生虫、其他）	Y	孵化过程中发生交叉感染	依照生态健康养殖要求提供良好的环境、饲料、管理；需要用药时，严格按标签规定的用法与用量使用	N
	化学性（无）	N			
	物理性（无）	N			
哺育管理	生物性（病原菌、病毒、寄生虫、其他）	Y	哺育过程中发生交叉感染、亲鸽哺喂	依照生态健康养殖要求提供良好的环境、饲料、管理，提高机体抗病力；需要用药时，注意休药期并严格按标签规定的用法与用量使用	Y
	化学性（兽药、毒素、激素、重金属的残留）	Y			
	物理性（无）	N			

项目	确定本步骤引入、控制或增加的危害	潜在的食品安全危害是否显著(Y/N)	对此项的判断依据	防止危害采用的预防措施	本步骤是否为关键控制点(Y/N)
童鸽管理	生物性(病原菌、病毒、寄生虫、其他)	Y	饲养过程中发生交叉感染	依照生态健康养殖要求提供良好的环境、饲料、管理,提高机体抗病力;需要用药时,注意休药期并严格按标签规定的用法与用量使用;病鸽作淘汰处理	Y
	化学性(兽药、毒素、激素、重金属的残留)	Y			
	物理性(无)	N			
销售、装车	生物性(病原菌、病毒、寄生虫、其他)	Y	检疫不合格	根据 GB 16549 执行,并出具检疫证明,不出售病鸽、死鸽	Y
	化学性(无)	N			
	物理性(无)	N			
运输	生物性(病原菌、病毒、寄生虫、其他)	N		运输车辆在运输前和使用后要用消毒液彻底消毒;运输途中不在疫区、城镇和集市停留、饮水和饲喂;需要时,使用安全的饲料、兽药和饮水	N
	化学性(无)	N			
	物理性(无)	N			

第五节　降低生产成本的途径与方法

鸽场总成本的高低不决定于饲料,主要取决于人与管理方法,每一个具体的、细小的步骤都可能会给总成本造成很大的影响,伸缩性极大。

据了解,肉鸽连续 2 年保持较高的价格水平,调动了一些散养户和规模养殖场的积极性,散养户纷纷购种饲养,养殖场扩大规模,提高市场的供应量。加之作为肉鸽主要饲料原粮的玉米、谷子、高粱、豆类等作物大幅度涨价,以上这些因素对肉鸽产业的健康发展造成了不同程度的影响,也是造成肉鸽价格不景气、暴跌的主要原因。面对不利的养殖形势，建议大家要沉得住气，对于养殖量较少，技术含量低，原料消耗率高的小型散养户，可采取清栏处理的方法。对于上规模的养殖场，可采用压缩养殖规模的方法，降低饲养数量，淘汰那些种性不纯，产蛋率、孵化率不高的种群，优中选优，进一步提高种鸽的质量，从而降低养殖成本，减少养殖风险。

一、重视种鸽的选育

选种是保持和改良肉鸽优良品种的重要手段，加强选育工作，建立品质好的核心群，是保证鸽场具有较高经济效益的重要措施。如果鸽场只顾眼前生产利益，即使饲养的是比较好的品种鸽，如果不进行严格选种，不建立种鸽核心群，不进行系谱记录和种鸽生产记录，有的甚至不知道自己鸽场的品种，结果肯定是品种退化，生产性能下降，商品乳鸽质量下降，在市场竞争中缺乏竞争力。

二、加强鸽群产蛋高峰期的管理

根据生产鸽 1 年的产蛋记录分析，春季（3～5 月）的产蛋率显著高于其他三个季节，是生产鸽的产蛋高峰期。而秋季（9～11 月）的产蛋率极显著低于春季，显著低于夏季（6～8 月）、冬季（12～翌年 2 月），主要原因是这个季节集中换羽的缘故。因此，在饲养管理上，重视春季这一黄金季节，加强夏、冬季管理。如果秋季也能正常繁殖的生产鸽，往往是高产鸽，不仅应加强饲养管理，还要从它们后代中选留种鸽。

三、采取并蛋孵化、 并窝育雏措施

并蛋孵化、并窝育雏都是提高生产鸽整体繁殖率的措施。任何一个鸽场都会存在产单个蛋的情况，在孵化中也或多或少会出现破蛋、无精蛋、死胚蛋的情况。这样，一部分生产鸽的孵化巢内只留下 1 枚蛋，很明显，这是很大的浪费，应及时采取并蛋孵化，把只孵一个蛋的生产鸽归并为孵化 2 枚蛋，使那些无蛋可孵的生产鸽结束孵化期进入下一个繁殖周期，注意孵龄接近的蛋并窝孵化，一般不超过3天。同时，一对乳鸽中如果中途死亡一只，剩下的一只容易喂得过饱，引起消化不良，所以要对10日龄前的乳鸽，将日龄相近的进行并窝哺喂。

四、选取质优价廉的饲料，确保混合饲料

根据肉鸽饲养标准配制营养全面的日粮，一般蛋白饲料1~2种，能量饲料2~3种，要防止单一饲料投喂。配方中饲料要成熟、完整、干净、干燥、无虫蛀、无霉变，越圆越硬越好。否则适口性差、浪费多、食欲不好导致营养不良，生长繁殖受阻，严重引起消化不良、拉稀粪、中毒等症状。因此，在保证营养均衡全面的前提下，选择用价格低的饲料。饲料配方一经确定，要保持相对稳定，必须变动时，要逐渐过渡。平时加强饲料储藏，保证饲料干燥、干净，防止虫蛀、霉变。在粮食害虫活动季节，可用二硫化碳进行熏蒸48小时后通风6~8小时，再进行储藏。凡新购收获的饲料，必须充分晒干后再储藏。

五、重视保健砂的配制

保健砂是肉鸽生长发育过程中不可缺少的营养物质和辅助促长剂。保健砂最好现配现用，保证新鲜，配制好的保健砂盛放在无毒的塑料容器内，并要加盖保存。常用保健砂的配方是黄泥30%，细砂25%，贝壳粉15%，旧石膏、熟石灰、木炭末、食盐各5%。另外，根据鸽群生长需要，适当在保健砂中添加少许中草药维生素、抗生素，以保证肉鸽正常生长发育。

六、尽量减少对鸽舍成本投入

对初养鸽和资金较紧的养鸽户来说，因地制宜，就地取材，不必太讲究建筑材料，可以利用旧房闲屋改建，只要满足通风干燥、清洁、光线比较明亮等基本条件就可以。养殖规模也应逐渐扩大，当资金、技术、市场等条件都具备后，再筹建一定规模的高档

鸽舍。

七、加强日常管理，做好各项原始记录

饲养员工作责任心要强，每天细心观察鸽群采食、饮水、粪便、精神状态，查看产蛋、孵化、育雏情况，及时准确了解鸽群生长发育、繁殖、育雏、饮食、健康状况，以便及时采取相应措施。一般鸽场都应建立留种登记表、种鸽生产记录表、种鸽生产统计表、青年鸽动态表等表格，认真做好各项原始记录，正确反映生产情况，为鸽场经营决策提供科学依据。

八、定期消毒，做好防病治病工作

做好鸽场环境卫生是预防疾病十分重要的措施，鸽舍地面、运动场、水沟、鸽笼要每天打扫，保持清洁，饮水器每天清洗，污染的巢盆垫料及时洗换，但在孵化期间可少换或不换，以免影响正常的孵化育雏。鸽舍、鸽笼及其他鸽具定期消毒，谢绝外人进入鸽场。

九、把握销售良机

乳鸽的最佳上市时间是 25～30 日龄，此时的乳鸽体重适中、肉质细嫩、味道鲜美、营养丰富，深受消费者青睐。因此，养鸽户要把握好最佳上市时间，随时了解各地市场行情，争取高价出售，如条件许可，可加工成各类包装食品以获取更多的利润。

十、坚持质量第一、诚实守信的经营理念

一般鸽场既销售种鸽，又销售肉用乳鸽。种鸽对外销售的好坏取决于产品质量，只有长期坚持种鸽质量第一，才能使客户放心，在行业竞争中立于不败之地。

发展养鸽业要依靠龙头企业，并与企业建立稳定的合同关系。任何一项成熟的养殖产业，其最终模式都是"龙头企业＋基地""龙头企业＋农户"或"龙头企业＋合作组织＋农户"。

对于养殖户来说，依靠龙头企业、与企业建立稳定的合同关系，可以有效地降低市场风险，确保不亏本。企业一般实行的是一条龙服务，对新饲养户来说，可以很好地解除养殖技术、饲料和销售等后顾之忧，使自己能把全部精力投入到养殖中，增加经济效益。

投资养鸽业要持之以恒。养殖业是一个连续的过程，鸽子养殖也不例外。投资前一定要做长远打算，如果今年投入，明年就不养了，那定会血本无归。所以，一旦选准了项目，就要持之以恒，并根据市场行情适当调整规模和品种，可确保市场好时赚大钱，市场孬时不亏本，最终成为养殖业的大赢家。

参 考 文 献

[1] 赵爱群.鸽子饲养疾病防治问答手册 [M].长春：长春出版社，2011.

[2] 陈益填.新编鸽病防治 [M].北京：金盾出版社，2009.

[3] 陈瑞光，程春焱.肉鸽速养技术 [M].南昌：江西科学技术出版社，1997.

[4] 张振兴.肉鸽饲养与疾病防治大全 [M].北京：中国农业出版社，2002.

[5] 韩庆.优质肉鸽高效健康养殖新技术 [M].长沙：湖南师范大学出版社，2011.

[6] 姜家佑.肉鸽养殖图册 [M].北京：台海出版社，2000.

[7] 孙卫东，唐耀.怎样科学办好肉鸽养殖场 [M].北京：化学工业出版社，2010.

[8] 潘孝青.图文精讲肉鸽饲养技术 [M].南京：江苏科学技术出版社，2010.

[9] 何艳丽.肉鸽高效养殖技术一本通 [M].北京：化学工业出版社，2010.

[10] 张小平.优质肉鸽高效养殖关键技术彩插版 [M].北京：中国三峡出版
     社，2006.

[11] 陈益填.肉鸽养殖新技术 [M].北京：金盾出版社，2003.

[12] 陈眷华，林加栋，卢善山等.肉鸽养殖新技术 [M].贵阳：贵州科技出版
     社，2006.

[13] 曹新民.肉鸽的高效养殖 [M].长沙：湖南科学技术出版社，2001.

[14] 康相涛等，肉鸽养殖与疾病防治 [M].郑州：河南科学技术出版社，2000.

[15] 余有成.肉鸽养殖新技术 [M].咸阳：西北农林科技人学出版社，2005

[16] 卜柱，戴有理.肉鸽高效益生产综合配套新技术 [M].北京：中国农业出版
     社，2010.

[17] 韩占兵.图文精解养肉鸽技术 [M].郑州：中原农民出版社，2005.

[18] 陈福勇，胡晓华.肉鸽养殖与常见病防制 [M].北京：中国农业出版社，1999.

[19] 范佳英.建一家赚钱的肉鸽养殖场 [M].郑州：河南科学技术出版社，2011.

[20] 向前.肉鸽养殖与疾病防治 [M].郑州：河南科学技术出版社，2010.

[21] 夏万良.养肉鸽实用新技术 [M].北京：中国农业出版社，2010.

[22] 陈益填.我国肉鸽业养殖现状、投资效益及发展趋势分析 [J].中国家禽，2012，
     04：8-11.

[23] 黄进元.肉鸽不同生长阶段的饲养管理 [J].上海畜牧兽医通讯，2012，01：58.

[24] 宋良国.肉鸽嗉囊病的防治 [J].当代畜禽养殖业，2012，02：27-28.

[25] 陈益填.我国肉鸽业现状、投资效益与趋势 [J].农村养殖技术，2012，08：
     8-9.

[26] 张宏宽，赵延森，童海兵等.四个不同品系肉鸽繁殖性能比较研究 [J].家禽科
     学，2012，03：10-11.

[27] 我国肉鸽养殖业存在的问题及对策 [J].乡村科技，2012，06：9.

[28] 孙淑霞，张伟，王雪．温、湿度对北方地区肉鸽人工孵化效果的影响［J］．中国家禽，2012，14：57-58，61.

[29] 朱云芬．肉鸽产业技术研究与探讨［J］．中国家禽，2012，17：35-43.

[30] 杨明军．肉鸽的雌雄鉴别方法［J］．农村养殖技术，2010，08：34.

[31] 朱娟，沙文锋．肉鸽规模化高效养殖新技术研究与应用［J］．科学种养，2010，06：36-37.

[32] 卜柱，厉宝林，赵振华等．中国肉鸽主要品种资源与育种现状［J］．中国畜牧兽医，2010，06：116-119.

[33] 梁西侠．肉鸽的科学配对及饲养管理［J］．黑龙江畜牧兽医，2010，14：65-66.

[34] 王修启，饶崇行，梁少姬，罗庆斌，詹勋．肉鸽高效生态养殖模式的建立与示范［J］．养禽与禽病防治，2010，07：39-41.

[35] 周翠英，张洪路．5 款新式肉鸽食品加工技术［J］．农村新技术，2010，22：48-49.

[36] 白树兰，王志国．肉鸽各生产阶段的饲养管理［J］．养殖技术顾问，2010，12：33.

[37] 和嘉荣．提高肉鸽生产性能的措施［J］．中国家禽，2010，18：52-53.

[38] 卜柱，厉宝林，赵振华等．中国肉鸽主要品种资源［J］．新农业，2010，12：52.

[39] 朱云芬，刘向萍，王桂朝．肉鸽养殖新技术研究与应用［J］．中国家禽，2010，23：33.

[40] 林其騄．我国肉鸽育种现状与展望［J］．中国家禽，2010，23：34.

[41] 潘裕华．肉鸽饲养技术研究进展［J］．中国家禽，2010，23：36-37.

[42] 李正晟．肉鸽养殖的人工孵化生产模式［J］．中国家禽，2010，23：39-40.

[43] 赵宝华．我国肉鸽疾病的发生现状［J］．中国家禽，2010，23：43-44.

[44] 张高娜，廉新慧，谷巍．保健砂在肉鸽养殖中的应用［J］．广东饲料，2013，01：44-46.

[45] 潘裕华，崔国强，单博涛等．不同饲喂方式对肉鸽生产性能的影响［J］．中国家禽，2013，04：45-47，50.

[46] 魏福永．肉鸽养殖的效益分析及注意事项［J］．养殖技术顾问，2013，05：206.

[47] 赵凤贞，董悦平．养好肉鸽的四个关键时期［J］．科学种养，2013，12：37-38.

[48] 于洋，李敬双．肉鸽毛滴虫病的诊治［J］．中国兽医杂志，2009，01：76-77.

[49] 韩杰，曹新民．北方冬季肉鸽防低温饲养要点［J］．养禽与禽病防治，2009，04：38-39.

[50] 王程，陈卫彬，陈宏生等．不同集约化鸽舍模式对肉鸽生产性能的影响［J］．中国家禽，2009，12：59-61.

[51] 张洪雷，王冉．肉鸽冬养注意事项［J］．山东畜牧兽医，2014，02：25-26.

[52] 王建兰．浅谈肉鸽的人工孵化技术［J］．中国动物保健，2014，05：63-65.

[53] 童海兵，谢鹏，卜柱等．肉鸽育种技术研究现状及发展思路 [J]．中国家禽，2014，09：2-5.

[54] 李彩娟，王莹．肉鸽的营养需要 [J]．养殖技术顾问，2014，05：76.

[55] 姚人文．肉鸽配对繁殖的要点 [J]．养殖技术顾问，2014，08：76.

[56] 李殿鑫，戴远威，苏新国．肉鸽加工现状及发展前景 [J]．肉类工业，2015，03：52-53.

[57] 鲁照见，王润之，黄一忠等．肉鸽养殖技术要点与分析 [J]．家禽科学，2015，04：17-19.

[58] 阎锡海，李延清．肉鸽庭院养殖技术 [J]．中国家禽，2007，11：26-28.

[59] 和嘉荣，雷衡，苏华伟等．不同季节与年龄对肉鸽繁殖性能的影响 [J]．中国家禽，2007，24：38-39.

[60] 黄良存．肉鸽养殖业的现状和思考 [J]．现代农业科技，2006，07：116-117.

[61] 李建国，杨杰．肉鸽养殖场卫生管理及防疫措施 [J]．中国家禽，2006，21：28-30.

[62] 李婉平，杜正智，史兆国等．不同饲料对肉鸽生产性能的影响 [J]．甘肃畜牧兽医，1993，03：8-11.

[63] 李存志，徐军，常玉君．肉鸽的常用饲料 [J]．养殖技术顾问，2008，12：48-49.

[64] 李云．肉鸽雌雄的鉴别方法 [J]．现代农业科技，2008，11：286.

[65] 马玉胜．肉鸽保健砂的主要原料及其作用 [J]．家禽科学，2008，06：19-20.

[66] 程占英，李晓索，常玉君．肉鸽场址及鸽舍规划 [J]．养殖技术顾问，2008，09：14-15.

[67] 马淑兰．提高肉鸽繁殖率的关键措施 [J]．农村养殖技术，2011，13：37-38.

[68] 刘思伽，邹永新，黄爱芳．肉鸽常见病及其防治 [J]．畜禽业，2011，10：82-83.

[69] 方光新，张瑾，马生钢．发展肉鸽养殖业走规模化、产业化之路 [J]．新疆畜牧业，2003，03：8.

[70] 余有成．中国肉鸽营养需要研究概况 [J]．饲料工业，1997，05：26-27.

[71] 沙文锋，朱娟，陈启康．肉鸽养殖业存在的问题和发展对策 [J]．畜禽业，2001，05：56-57.

[72] 黄峰．肉鸽的生活繁殖行为与饲养管理要求 [J]．中国家禽，1998，10：39-40.